만들어진
우주

만들어진 **우주**

ⓒ 매트 브라운, 2018

초판 1쇄 인쇄일 2018년 7월 2일
초판 1쇄 발행일 2018년 7월 10일

지은이 매트 브라운
그린이 사라 멀바니
옮긴이 김도형
펴낸이 김지영   **펴낸곳** 지브레인^{Gbrain}
편집 김현주
마케팅 조명구   **제작·관리** 김동영

출판등록 2001년 7월 3일 제2005-000022호
주소 04021 서울시 마포구 월드컵로7길 88 2층
전화 (02)2648-7224   **팩스** (02)2654-7696

ISBN 978-89-5979-563-5 (03400)

- 책값은 뒤표지에 있습니다.
- 잘못된 책은 교환해 드립니다.

만들어진
우주

매트 브라운 지음 사라 멀바니 그림 김도형 옮김

지브레인

Contents

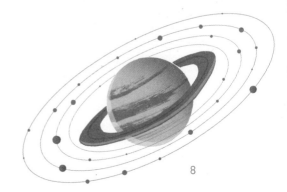

우주 안의 지구

달나라 여행

Contents

태양계 속으로   **145**

우주를 건너서 185

우주의 특이성 219

머리말

뉴스 속보 : 때때로 달이 낮에 보인다.

독자 여러분에게는 이것이 특별한 사실이 아닐 수 있겠지만, 정말 많은 사람들은 이 사실을 인지하지 못하고 있다. 사실 달은 밤만큼이나 자주 낮에 볼 수 있다.

나는 이 책을 연구하면서 우주의 신비와 오해에 대해 많은 친구들과 대화를 나눴다. 그리고 친구들에게 아폴로 달 탐사 괴담이나 '무중력'이라는 용어의 무의미함에 대한 내용을 듣기를 기대했었다. 또한 엄청난 우주 폭발이 담긴 공상과학 영화 얘기를 듣게 될 것이라 생각했다. 그러나 중년의 나이인 친구들이 낮에 달을 볼 수 있다는 사실을 전혀 몰랐다고 이야기해 충격을 금치 못했다. 어떻게 40여 년을 살면서 이를 몰랐을 수 있었을까?

태양이 뜨고 지는 것은 하루의 시작과 끝을 정의하지만, 이것이 달과 밤과의 관계를 의미하는 것은 아니다. 지구의 위성인 달은 자신만의 시간표를 가지고 있으며, 이 시간표는 지구의 어디에서 태양이 빛나고 있는지 여부에는 영향을 받지 않는다.

만약 우리 중 많은 사람들이 이와 같은 단순한 진리를 알지 못하고 있다면, 더 큰 우주에 관해 더 많은 사실을 잘못 알고 있는 것이 아닐까?

사실 우주를 묘사하기에 적절한 단어는 없다. 크다, 광대하다, 혹은 거대하다……. 그 어떤 단어도 우주를 묘사하기에는 충분치 않다. 우리가 보유하고 있는 최첨단 망원경을 이용한다 할지라도 고작 우주의 일부분만 볼 수 있을 뿐이다. 심지어 우리가 만들어낸 허구의 영웅조차 우주 전체를 장악할 수 없다.

아마 독자들 중 어떤 사람은 영화 스타트렉$^{Star\ Trek}$의 우주선 엔터프라이스^{Enterprise}라면 광속의 워프 엔진을 이용해 우주의 어느 곳이든 갈 수 있을 것이라 생각할지도 모른다. 하지만 이조차도 우리 은하의 작은 영역에 지나지 않는다.

이를 보다 쉽게 표현해보도록 하겠다.

만약 관찰 가능한 우주 전체가 지구의 크기로 수축되었다고 치면, 커크와 피카르 대위는 정말 관대한 관점에서 보더라도 여러분의 왼쪽 콧구멍만한 크기의 지역을 벗어날 수 없는 셈이다.

그동안의 우주에 대한 묘사는 현실과는 상당히 거리가 멀었다. 우리는 우주가 춥고, 어둡고, 조용하고, 공허하다고 말할 수 있지만, 사실 이들 중 어떤 것도 사실이 아니다. 우리가 명백하게 말할 수 있는 단 하나의 사실은 우리가 갖는 우주에 대한 대부분의 가정이 잘못되었다는 점이다.

별 자체는 환영과 같은 존재이다. 우리가 보는 별들은 현재의 모습이 아닌 예전의 모습이기 때문이다. 은하 안드로메다^{Andromeda}는 맨눈으로 볼 수 있는 가장 멀리 떨어진 천체$^{far-flung \, object}$이다. 안드로메다 은하의 별빛이 지구에 도달하기까지는 약 2백만 년 이상의 시간이 필요하다. 다시 말해 지금 우리가 보고 있는 안드로메다 은하의 모습은 인류가 나타나기도 전의 안드로메다 은하라고 할 수 있다. 엄격하게 말해 우리는 밤하늘을 올려다보면서 "저기 오리온 별자리가 있다" 혹은 "저기 거문고별자리가 보인다"라고 말하는 것 대신에 "저기 과거의 오리온 별자리가 있다" 혹은 "저기 예전 거문고 별자리가 보인다" 등으로 표현하는 것이 좀 더 정확할 것이다. 심지어 우리는 가장 가까운 별인 태양의 모습조차도 조금 전 과거의 모습을 보고 있다. 태양빛이 지구에 도달하기까지 약 8분 정도의 시간이 소요된다(P177 참조).

우주 탐사와 관련해서도 정확하게 알려지지 않은 부분들이 있다. 사실 스푸트니크는 인류가 우주로 보낸 최초의 인공물이 아니다. 우주로 보낸 최초의 동물 또한 라이카(Laika)라고 불리는 개가 아니었다. 우주 비행사가 무중력을 경험하는 것은 아니다. 지구에서 최초로 달을 방문한 생물은 아폴로에 탑승했던 우주 비행사가 아니라 조그마한 남생이^{tortoise}였다. 또한 적어도 여러분이라면 헬륨 풍선을 이용해 햄버거를 우주로 보낼 수 있을 것이라는 상상은 절대 하지 않기를 바란다.

이 책의 취지는 바로 이런 오래된 미신과 새로운 오해들을 과감하게 파헤쳐내고, 그동안 어떠한 사람들도 깊게 질문하지 않았던 것들에 대해 다뤄볼 것이다. 일반적으로 우주에 대해 사실이라 믿어왔던 것들 중에 잘못된 사실들에 대해 밝혀낼 것이며 이해하기 어려운 일들이 결코 이해하기 어려운 일이 아니라는 것도 밝혀보도록 하겠다. 그리고 여러 오해를 낳았던 우주의 음모론들에 대해서도 살펴볼 것이다.

그렇다고 이 책의 목적이 어떤 아이디어를 무시하거나 조롱하기 위한 것이 아님을 인지하기 바란다. 단지 독자들이 오해를 풀고 더 높은 지식을 쌓아가기를 원할 뿐이다. 우리가 무엇이 잘못되었는지를 짚고 넘어가면, 올바른 사실을 기억할 수 있게 될 것이다. 또한 하나하나 오해를 풀어가는 과정에는 즐거움도 따를 것이라 생각한다.

그러면 본격적으로 '트집잡기'를 시작해 보도록 하겠다!

우주 탐험

이해하기 어려운 일들이 결코 이해하기 어려운 일이 아닌 이유,
그리고 다른 우주의 모험들에 관하여……

우주로 무언가를 보내는 일은
돈 낭비이다

우주 탐험이 우리에게 무엇을 해주었는가? 왜 엄청난 자금을 투자하여 우주선과 사람을 굳이 우주로 보내야 하는 것일까? 우주에 관심을 갖기 전에 지구의 문제를 먼저 해결해야 하는 것은 아닐까?

우주 관련 기사들이 올라올 때마다 종종 위와 같은 질문들이 제기된다. 그렇지만 단순히 재미를 위해 값비싼 우주 탐사 로켓들을 우주로 쏘아 보내는 것이 아니다. 이들 로켓들은 직접적으로 우리의 삶을 윤택하게 만드는 데 유용하게 쓰이고 있다.

내가 살고 있는 아파트에서는 동네의 조그만 공원이 내려다보인다. 이 아파트에서는 런던의 반짝이는 불빛 때문에 밤에 많은 별들을 보는 것이 어렵다. 아파트 창문 밖으로 보이는 것은 풀 숲 사이에서 반짝이는 불빛뿐이다. 이 불빛을 보아하니, 아마도 '포켓몬고$^{Pokemon\ Go'}$에 빠져 있는 10대 아이들이 포켓몬을 찾아 공원을 해매고 있는 모양이다. 그런데 갑자기 아이들이 멈췄다. 곧 이어 핸드폰 불빛이 흔들린다. 아마도 가상 전투가 시작되는 모양이다. 포켓몬 고와 같은 게임이 가능해진 이유는 다름 아닌 GPS(지구 위치 파악 시스템)[1] 덕분이다.

GPS는 적어도 24개의 위성 집단으로 구성되며, 이용자가 지구 어디에서나 자신의 위치를 찾을 수 있도록 해준다.

이 시스템은 1970년대와 1980년대 사이에 구축되어 군에서 위치 탐색을 목적으로 쓰였다가 점차적으로 민간인들에게도 보급되었다.

GPS의 효과는 실로 엄청났다. 인공위성의 항법 체계는 전통적으로 활용되던 지도를 대체해 나아갔다. 그리고 이제 GPS 사용은 단순한 위치 탐색의 용도를 넘어서고 있다. 최근 스마트폰과 어플리케이션 개발 등이 활발해지면서, GPS 기술은 우리 일상을 더욱 더 바꾸어나가고 있다. 최초에 GPS를 개발했던 사람들이 과연 언젠가 자신들이 개발한 GPS 기술이 한밤중에 가상의 포켓몬을 사냥하는 데 쓰일 것이라고 예측이나 할 수 있었을까?

---

1) 여러 개의 위성들로 구성되는 GPS는 미국 정부와 미국 공군에 의해 운영되며, 그들의 필요에 의해 선택적으로 서비스가 중단될 수도 있다. 그렇기 때문에 전 세계의 많은 사람들이 이 시스템에 의존하고 있다는 사실은 조금 무섭기도 한 일이다. 이에 대한 대안으로는 러시아의 GLONASS(러시아 범지구 위성항법 시스템)과 유럽의 갈릴레오 위성이 있다.

독자 여러분 중에 포켓몬에 관심이 그다지 없는 분도 있을 수 있으니, 이번엔 GPS를 사용해 연인을 찾는 방법에 대해 이야기해 보도록 하자.

셰익스피어의 비극에서 로미오와 줄리엣은 불운한 연인이었다. 그러나 현대인들은 인공위성 덕택에 온라인상에서 쉽게 마음에 드는 연인을 찾는 일이 가능해졌다. 오늘날에는 소개팅 어플리케이션 등을 이용하면 당신 옆을 스쳐간다거나, 혹은 기차 옆 좌석에 앉아 있을 수도 있는 여러분의 잠정적인 연애 대상을 찾을 수 있다. 이는 모두 GPS 기술 덕분이다.

물론 어떤 이들은 GPS를 사생활 침해 등과 연관지어 생각하여 소름 돋는 일이라고 생각할 수도 있을 것이다. 그러나 GPS는 분명 기술의 진보를 의미하며, 앞으로 훨씬 더 커다란 것들을 위한 준비 단계라고 볼 수도 있을 것이다.

혹여 독자 여러분은 바다에서 수영할 때 상어가 출몰할까 노심초사 해 본 경험이 있는가? 만약 그런 분이 있다면 희소식을 전해주고자 한다. 오늘날에는 상어에도 GPS 태그를 부착하기 때문에 예전보다 안전하게 수영을 즐길 수 있다. OCEARCH는 수십 마리의 백상아리에 GPS 태그를 붙이는 프로젝트로, 상어에게 부착한 GPS 신호는 안전요원들에게 전달되어 해안에 접근하는 상어들에 대해 사전조치를 취할 수 있도록 해준다. 뿐만 아니라 과학자들은 상어에게 부착된 GPS 신호를 연구하여 상어들의 행동 패턴에 대해서도 분석하고 있다.

GPS는 이 외에도 타임캡슐^{geocache} 등을 이용한 보물찾기, 도난 당한 물건의 위치 추적, 혹은 공연 예술 등 활용되는 폭이 넓어지고 있다.

GPS는 우주 기술이 미치는 영향 중 하나의 예시일 뿐이다. GPS 사례에서 살펴보았듯이, 우주 기술은 우리의 삶의 질을 향상하는데 도움을 준다. 이 외에도 위성 TV 그리고 정확한 날씨 예보 등도 모두 우주 기술의 성과라고 볼 수 있다. 특히 인공위성은 GPS 이외에도 활용처가 많다. 농부들의 작물 재배, 광물 탐사, 환경 변화 감지, 고대 유적 발견, 감시 시스템 등 그 쓰임새가 무궁무진하다.

만약 태양풍으로 인해 지구 주위를 도는 모든 인공위성이 망가지게 된다면, 엄청난 혼란이 뒤따를 것이다. 아마 현대의 문명 자체가 붕괴될지도 모른다. 모든 화물선과 수화물 트럭 등이 길을 잃게 될 것이며, 긴급 출동 서비스가 중지되고, 비행 조종이 불가능해지며, 여러분은 포켓몬 고를 즐길 수도 없을 것이다. 많은 은행과 현금서비스 등도 역시 GPS 위성을 통해 데이터를 주고받기 때문에 정상적인 운영이 어려울 것이다. 어쩌면 요새 유행하는 인기 드라마 '왕좌의 게임' 그리고 각종 스포츠 경기 등의 시청이 어려워져 폭동이 일어날지도 모른다.

이렇듯 현대 세계에서 인공위성이 없는 생활이 불가능해졌다. 그리고 거듭 말하지만 우주 탐사 프로그램에 수조 원을 투자하지 않았다면 인공위성 역시 없었을 것이다.

물론 인공위성의 개발, 발사 및 운영에 쓰인 돈은 확실히 현대 세계를 구축하는 데 도움이 되었다. 그러나 우주 탐사는 어떨까? 과연 탐사선이나 인간을 우주로 보내는 비용은 정당화될 수 있는 것일까?

이 질문에 대한 대답은 논쟁의 여지가 있을 수 있다. 나의 의견은 '물론 정당화될 수 있다'이다. 그 이유는 다음과 같다.

우주 탐사가 주는 로맨스

아마도 나의 논지를 이렇게 시작하는 것은 바람직하지 않을 수도 있다고 생각한다. 이와 같은 주장은 비합리적이라고 볼 수도 있고, 경솔하다고 비판 받을 수도 있다. 물론 이것은 매우 주관적인 의견이다. 아마도 나의 주장을 관철시키는 데에는 경제적 이득, 혹은 소행성에 대한 위험 감지, 아니면 의학 연구에 대한 이점 등과 관련된 내용이 훨씬 나을지도 모른다. 대개의 사설들은 위와 같은 주제로 시작하여 마지막에는 우리의 호기심과 궁금증에 대한 호소로 마무리된다.

하지만 나는 이런 일반적인 사설들의 전개가 적절하지 않다고 생각한다. 만약 우주 탐사를 옹호하는 사람들에게 정말로 정직하게 대답을 요구하면 아마도 우주 탐사가 매우 신나는 일이기 때문이라고 대답하고 싶을 것이다. 이것이 잘못된 생각인가?

아폴로 11호가 달에 착륙하고, 우주 비행사가 인류의 첫 발을 달 표면에 디뎠던 순간의 모습은 당시 TV를 통해 약 6억 명의 사람들에게 중계되었다. 이 당시 역사상 처음으로 전 세계 인구의 1/6 규모에 달하는 사람들이 공통된 사건을 목격하기 위해 뭉쳤다. 만약 그때 당시에 오늘날처럼 TV가 더 널리 보급되었더라면, 시청자 수는 훨씬 더 많았을지도 모른다.

이처럼 많은 사람들이 달 탐사에 관심을 가진 이유는 달의 토양이 어떤 성분으로 구성되어 있는지를 확인하기 위해서도, 혹은 투자 기회를 모색하기 위해서도 아니었을 것이라고 생각한다.

그 이유는 아마도 우주 탐사가 단지 많은 사람들을 흥분시키는 사건이었기 때문이었을 것이다.

우주 탐사정 역시 마찬가지로 호기심의 대상이었다. 지난 2012년에 NASA의 큐리오시티^{Curiosity} 탐사정이 화성에 착륙했을 때 많은 사람들이 이를 주목했다. 약 320만 명의 시청자가 실시간으로 보고 있었으며, 이는 당시 그 어떤 케이블 뉴스 채널의 시청자 수보다도 많았다. 또한 비가 오는 날이었음에도 불구하고 수 천 명의 관중이 뉴욕 타임스 스퀘어의 대형 스크린 앞에 모여 이 사건을 지켜보았다.

사실 그 당시에 찍은 영상에는 눈길을 끌만한 것이 거의 없었다고 봐도 무방하다. 왜냐하면 탐사정이 보내온 사진들이 바로 지구로 전송될 수 없었기 때문에, 관중들이 실시간으로 볼 수 있는 영상은 불안정한 통제실의 모습이 전부였다.

미국의 화성 탐사선 때도 마찬가지였다. 이 화성 탐사선은 네 번째로 화성에 착륙했음에도 불구하고 많은 사람들이 관심을 가졌다.

근본적으로 인간의 심리 깊은 곳에는 알고 싶고, 탐험하고 싶고, 질문하고 싶어 하는 충동이 있다. 호기심은 우리가 육체적 한계를 넘어 무언가를 추진하게 할 수 있는 힘의 근원이다. 인간의 호기심은 처음에는 불을 발견했고, 동물들을 거느리게 되었으며, 나중에는 태양을 이용하고, 원자 안의 에너지를 이용하는 일도 가능케 해주었다. 이제 인간은 컴퓨터를 개발해서 우리의 호기심을 자극하는 문제들에 대한 해답을 찾아가고 있다.

인류에게 있어 우주로 나아가는 일은 '있으면 좋은 일' 혹은 '선택적인 추가사항' 같은 것이 아니다. 이것은 인류의 영원한 숙원이다. 인간의 두뇌가 계속해서 사고하는 한, 많은 사람들이 별에 대해 꿈꾸게 될 것이고, 그 언젠가는 누군가가 별에 도달하게 되는 날이 오게 될지도 모른다.

그런 의미에서 사람들이 '우주 탐험의 목적이 무엇인가?'라고 묻는 일은 매우 불필요한 질문이다. 이것은 마치 '예술의 요점이 무엇이냐?' 혹은 '아기를 낳는 이유는 무엇이냐?'라고 질문하는 것과 별다를 바가 없다고 본다. 이와 같은 질문들을 사실과 수치들로 정당화할 수 있겠지만, 사실 정직한 대답은 보다 인간적이다. 우리는 생존하고 번식하기를 원하기 때문이다.

생존

이제부터 우리는 우주를 탐사하는 보다 합리적인 이유에 대해 살펴보도록 하겠다. 그 첫 번째 이유는 바로 생존이다.

언젠가 지구는 행성 전체를 위협하는 거대한 문제에 직면하게 될 것이다. 문제의 원인은 환경적인 재해가 될 수도 있고, 소행성 충돌이 될 수도 있으며, 혹은 핵전쟁이 될 수도 있다. 이와 같은 상황을 맞았을 때의 해결책은 지구 이외의 곳에 사람이 살 수 있는 환경을 조성해 놓는 것이다. 우리 인류의 미래는 달, 화성 혹은 어딘가 다른 곳에 만들게 될 식민지에 의존하게 될 수도 있다.

물론 솔직하게 얘기해서, 지구 마지막 날이 바로 내일 도래하는 것은 아닐 것이다. 게다가 지구 외부의 환경은 매우 척박하다. 화성에서 가장 이상적인 지역조차도 사하라 사막이나 남극 대륙보다 훨씬 척박한 곳이다. 화성에 처음 가게 될 사람은 엄청난 대기 압력과 무산소 환경에 혀를 내두르게 될 것이다. 그곳엔 어떤 식물과 물도 없기 때문에 여러분은 마냥 척박한 환경에 대해 금방 흥미를 잃게 될지도 모른다.

미래에 성공적인 식민지를 구축하기 위해서는 화성과 같이 척박한 환경을 인간이 살기 적합한 곳으로 바꾸거나, 우리 스스로가 척박한 환경을 견딜 수 있도록 변화해야만 한다. 어쩌면 두 방법 모두다 필요할지도 모른다. 이는 매우 오랜 시간이 걸리는 일일지도 모른다. 수십 년 혹은 수백 년이 지나야 실현 가능할 수도 있다.

그러나 분명한 건 언젠가는 시작해야 하는 일이라는 것이다. 우주의 개척자인 엘론 머스크Elon Musk는 화성에 대해 이렇게 말했다.

"별 볼일 없는 행성이지만, 우리가 충분히 이용할 수 있는 곳이다."

단기적인 관점에서 우주에서 살아가는 법을 배우는 일은 소행성과 지구의 충돌 등의 대참사로부터 인류를 보호하는 측면에서 매우 중요하다. 오래 전 공룡들은 이와 같은 운명을 맞이하였으며, 이는 언제고 인류에게 닥칠 운명이 될 수도 있다. 소행성 대충돌은 수백만 년 후에 발생할 일이 될 수도 있고, 어쩌면 다음 수십 년 내에 발생할 일이 될 수도 있다. 단지 우리가 이를 인지하지 못하고 있을 뿐이다.

또한 아주 먼 미래에나 일어날 일이지만 장기적인 관점에서 태양은 언젠가는 지구를 삼킬 것이다. 시간이 흘러 태양이 생의 새로운 단계로 접어들면, 급격하게 팽창할 것이다. 그렇게 되면 우리 지구의 온도는 꾸준하게 올라갈 것이고, 어느 순간에는 오븐의 쿠키 마냥 뜨겁게 달아오를 것이며, 결국엔 태양에 완전히 삼켜지게 될 것이다.

물론 우리는 아주 오래 뒤의 일을 이야기하는 것이다. 그러나 분명한 것은 언젠가는 도래할 일이라는 것이다. 이때 인류가 항성 간의 이동을 할 수 있는 능력을 보유하고 있지 않는다면, 확실히 종말을 맞이해야 할 것이다. 그렇기 때문에 가능하다면 인류의 숙제를 조금 일찍 끝내놓는 편이 안전할 것이다.

과학과 기술혁신

인간은 지구의 중력을 벗어날 수 있는 비행체를 개발함으로써 그리고 무중력 상태에 적응할 수 있는 방법을 배움으로써, 지구에서는 마주할 일이 없는 다양한 문제들을 해결해 나가기 시작했다. 인간이 새로운 도전들은 직면하면서 우주 비행사들과 탐사정을 위한 발명품들도 만들어지게 되었다.

NASA는 자체 기술이전 프로그램을 통해 자체 연구 결과를 공개하고 있다. 우주 탐사 연구로 인해 파생된 기술로는 마라톤 주자를 위한 호일 담요와 다양한 종류의 건강 측정기, 로봇의 발전, 컴퓨터의 소형화, 인공지능의 개선 등 수도 없이 많다.

NASA 측의 주장에 따르면 약 2,000여 개의 발명품들이 자체 기술이전 프로그램을 통해 생겨났다고 한다. 그러나 테프론^{Teflon}과 밸크로^{Velcro}의 경우 대중들이 일반적으로 알고 있는 것과는 달리 다른 연구에서 발명되었다고 한다.

한편, 무중력 환경은 과학 및 의학 연구에 상당히 효과적이다. 이 연구의 상당 부분은 향후 장기 우주 임무 수행을 준비하기 위해 활용될 것이다. 그러나 일부는 지구 내의 문제 해결에 활용되기도 한다. 한 예로 골다공증이 있다.

골다공증은 여성 노인들에게 가장 보편적으로 나타나며, 뼈를 약화시켜 골절 등의 부상을 유발하는 질병이다. 골다공증이 발병하면 부작용으로 미소중력 상태에서 골소실도 발생하게 된다. 장기간 우주 비행 임무를 수행하는 우주 비행사들의 경우 한 달에 뼈 질량의 1~2%를 잃어버리게 된다. 그렇기 때문에 국제우주정거장^{ISS}에 근무하는 우주 비행사들은 골소실 여부를 정밀하게 검사받게 된다. 국제우주정거장 의 가압 공간 내에서 약 절반 정도는 결정 성장, 근육 위축, 반물질 검출 등 다양한 과학 연구를 위해 사용된다.

영감

나는 그 어떤 사진도 아폴로 우주 비행사가 찍은 지구의 사진이 갖는 중요성과 비교될 수 없다고 본다. 이 사진은 인류 발전의 가장 근본적인 단계를 보여주는 것이다.

그동안 지구 내에는 몇 조나 달하는 종류의 생명체가 존재했다. 그러나 그 수많은 종류의 생명체 중에서, 지구 밖으로 떠날 능력을 갖춘 생명체는 인류 외에는 단 한 개체도 없었다.

검은 우주(P 203 참조)에서 본 지구의 푸른 모습은 사진이 촬영된

후 수십 년이 지난 현재에도 여전히 아름답기 그지없다. 인류는 달에 갔지만 실제로는 우리 지구를 재발견한 셈이었다.

우주 탐사는 인간으로 하여금 여러 가지 생각을 갖게 한다. 우리가 사는 지구가 얼마나 아름다운가에 대해서, 또 왜 지구와 같은 행성이 이곳에 존재하는가에 대해서, 또 우리는 왜 여기에 존재하는가에 대해서, 우리가 어떻게 이 행성을 안전하게 지킬 수 있는지 등 인간에게 여러 가지 영감을 준다.

또한 아폴로의 사진은 수많은 철학자, 시인, 음악가들에게도 영향을 미쳤다. 우주 탐험은 가장 훌륭한 '뮤즈'인 셈이다. 우주 탐험은 영화 〈아바타〉부터 데이빗 보위의 〈Ziggy Stardust〉라는 노래까지 여러 영역에 창의력을 불어 넣는다. 그리고 아폴로 11호 이후에 생겨난 수많은 과학적 업적까지 고려한다면, 우주 탐사는 실로 엄청난 영향력을 미쳤다고 할 수 있다.

이윤

우주 탐사에 반대하는 주요 이유 중 하나는 천문학적인 탐사 비용 때문이다. 그럼에도 불구하고 여러 연구 결과에 따르면 우주 탐사에 대한 지출은 국가 경제에 막대한 도움이 된다. 미국 정부가 NASA에 제공하는 매 $1마다, 미 재무부는 파생된 연구들의 기술이전 및 라이센스 등으로 인해 약 $10 정도의 이윤이 창출된다고 한다. 다시 말해 우주 탐사는 지출된 경비 이상의 이윤을 거둬드리는 셈이다.

게다가 NASA에 대한 지출은 미 연방 전체 예산의 0.5% (군용을 포함한 경우 1%) 정도밖에 되지 않는다. 지출을 차트화하면 거의 보이지도 않을 정도의 비중이다.

미국 다음으로 우주 탐사에 예산을 많이 지출하는 중국도 전체 예산의 약 0.36% 정도만 우주 탐사에 투자할 뿐이다.

마찬가지로 민간 분야도 단순히 정부와의 계약 이행 차원을 넘어서 우주 탐사를 통해 막대한 돈을 벌 수 있다. 많은 위성들이 민간 차원에서 운용되고 있으며, 이에 대해 세금이 거의 활용되지 않고 있기도 하다. 몇몇의 회사들은 사람들을 관광 차원에서 우주로 보내는 일도 검토하고 있다. 이는 전통적으로 국가가 해온 일이지만, 이제는 민간에서도 고려할 수준이 되었다. 결국, 로켓 발사로 인해 발생하는 아드레날린, 지구 밖에서 느낄 수 있는 무중력 상태, 지구의 곡선을 볼 수 있는 기회 그리고 자신이 우주 비행사라고 이야기 할 수 있는 것은 매우 매력적인 일이기 때문이다. 이와 같은 우주 관광에는 이미 강력한 수요가 있기 때문에, 수지타산을 맞출 수 있는 회사라면 누구든지 이윤 창출의 기회를 얻을 수 있다.

우주 관광에는 이미 선례도 있다. 지난 2001년 데니스 티토Dennis Tito를 시작으로 일곱 명의 우주 비행사가 러시아 소유즈Soyuz 로켓을 타고 국제우주정거장을 방문하는 데 사비를 투자했다. 이 우주를 여행하는 휴가 패키지는 스페이스 어드벤쳐스Space Adventures라는 민간 회사를 통해 판매되었다. 패키지의 가격은 공개되지 않았으나, 약 2

천만 달러 정도의 선일 것이라고 추측되었다.

이제 우주 여행은 2세대에 돌입하고 있다. SpaceX, Virgin Galactic 및 Blue Origin과 같은 회사는 자체 기술 개발을 통해 고객들을 대기권 밖으로 보내는 일에 주력하고 있다. 이 회사들 역시 이윤 창출을 위해 노력하고 있지만, 이윤 자체뿐만 아니라 향후 달 혹은 그보다 먼 곳까지의 여행까지도 염두하고 자금을 조성하는데 주력하고 있다.

안타깝게도 이 책을 집필하는 시점에서는 여객 우주선이 운영되고 있지 않으며, 이들 회사들 또한 이렇다 할 수익도 없었다. 그럼에도 불구하고 계속해서 우주 관광 업계는 변화하고 있다. 그렇기 때문에 아마도 이 부분은 이 책의 어느 섹션보다도 독자들에게는 최신 정보에 뒤쳐질 가능성이 높다.

탐광

민간 업체들이 우주에서 얻을 수 있는 또 다른 기회는 바로 채광이다. 지구 밖 천체에서는 지구에서 얻기 힘든 물질들을 보다 쉽게 구할 수 있다. 예를 들어, 헬륨-3은 지구보다 달에서 훨씬 풍부하다. 이 비방사성 동위원소들은 보다 안전한 핵에너지의 제공을 목적으로 핵융합 반응에 사용될 수 있다. 물론 우주에서 채광과 채광 물질들을 운반하는 것은 기술적 측면과 경제적 측면을 고려할 때 쉬운 일은 아니다. 그러나 그만큼 얻을 수 있는 보상도 매우 크다.

이와 같은 작업은 로봇을 통해 이루어질 수 있으나, 사람이 직접 갈 수 있다면 훨씬 수월한 여정이 될 것이다. 언젠가 지구의 물질들이 고갈되게 된다면, 전자산업에 활용되는 물질들을 달 또는 소행성에서 채굴해야 하는 날이 도래할 것이다.

평화

아폴로 시대의 마지막이자 가장 기억에 남지 않는 임무는 달 착륙 이후 3년이 지난 1975년 7월 임무일 것이다. 이 미션은 특히 기술적인 측면에서 성과가 미비했다.

당시 두 개의 우주선은 지구의 낮은 궤도에서 만났다.[2] 그러나 정치적으로는 매우 기념비적인 미션이었다. 미국의 아폴로 캡슐과 소비에트연방의 소유즈 우주선이 서로 도킹하였기 때문이다.

약 20여 년에 걸친 치열한 경쟁 끝에 미국과 소련은 지구 궤도에서 협업을 시작했다. 이는 양국의 우주 경쟁이 끝났음을 알리는 서막이었다.

우주 탐사에 어마어마한 비용이 소모된다는 것은 자명하다. 그렇

---

2) 여기서는 약간의 공학적 사고가 필요하다. 특수 제작된 도킹 모듈은 약 $1억 정도의 비용이 필요하며, 소유즈와 아폴로를 연결하는 것 외에는 다른 곳에 사용이 불가능하다. 당시 디자인 제작에 요구되던 사항은 미국과 소련 어느 쪽도 도킹을 수용하는 것처럼 보이지 않게 해달라는 것이었다. 이것은 소련과 미국의 냉전 외교가 얼마나 까다롭고 유치한 수준까지 달했는지를 알게 해주는 면이었다.

기 때문에 공동 팀을 구성하고 자원을 공유하는 것은 훨씬 효율적인 일이다.

비록 후속 미션은 20년 후에나 이루어졌지만, 아폴로-소유즈 테스트 프로젝트는 이후 수차례 러시아의 미르 우주정거장과 미국의 우주 왕복선이 도킹하는 성과를 낳았다. 미국과 소련의 협력은 이례적으로 최대 규모의 우주 탐사 협력을 위한 길을 열었다는 데 큰 의의가 있었다. 이렇게 탄생한 것이 바로 앞서도 여러 번 언급했던 국제우주정거장[ISS]이다.

국제우주정거장은 오랜 우주 경쟁의 적대 관계 청산과 더불어 유럽우주국[ESA]의 11개 회원국 그리고 캐나다와 일본까지 협력을 하나로 모아 만들어낸 성과이다.

비록 최근 들어 러시아와 미국의 관계에 긴장감이 재조성되고 있는 형국이지만, 여전히 양국의 우주 비행사들은 국제우주정거장 에서 함께 일을 하고 있다. 사실, 2011년 우주 왕복선의 은퇴 이후에 모든 미국 우주 비행사들은 러시아 로켓[3]을 타고 우주로 이동하고 있다. 물론 우주 탐사에 대한 국제 협력이 세계 평화를 가져올 것으

---

3) 흥미롭게도 러시아는 우주 비행사들을 자국에서 우주로 보내지 않는다. 유리 가가린부터 수많은 러시아의 우주 비행사를 우주로 보냈던 것으로 유명한 바이코누르 우주기지(Baikonur Cosmodrome)는 사실 카자흐스탄에 있다. 이곳은 과거에 소련연방의 영토였으나, 지금은 독립되었다. 현재 저자가 글을 쓰는 시점에서 유일하게 자국에서 우주 비행사를 우주로 보낼 수 있는 국가는 중국뿐이다.

로 기대하기는 힘들지만, 여러 가지 측면에서 국제 협력 모델을 제시하고 있다는 데 의의가 있다.

아폴로 14호 우주 비행사인 에드거 미첼Edgar Mitchell의 말을 빌리자면 "달에서 보면, 국제 정치는 너무나 사소한 것처럼 보인다. 때때로 정치가들의 목덜미를 붙잡고 250만 마일 지구 밖으로 데리고 가서, 여보게! 이걸 좀 보시게나"라고 소리치고 싶다.

로켓 과학은 어렵다?

나의 아버지는 이러한 질문하기를 좋아하셨다.

"우주에서 로켓은 어떻게 작동하는가?"

"아니 우주에는 정말로 연소되는 불꽃이 밀어낼 것이 아무것도 없

지 않는가?"

내가 생각하기에 아버지께서는 로켓이 공기를 밀어냄으로서 앞으

로 나아간다고 생각하셨던 것 같다. 마치 수영 선수가 수영장 벽을 걷어차며 앞으로 나아가는 것처럼 말이다. 그렇기 때문에 아버지의 생각에는 로켓이 밀어낼 것도 없는데 앞으로 계속 나아간다는 것은 이해가 되지 않는 일이었던 것 같다.

이것은 쉽게 범할 수 있는 생각의 오류이다. 흔히 쓰이는 영어 표현 중에는 알고 보면 생각했던 것보다 단순한 일을 두고 "그것은 그다지 복잡한 일이 아니다$^{It's\ not\ rocket\ science}$"라는 말은 하곤 한다. 이 표현만 두고 보면 로켓 과학은 정말로 이해하기 어려운 일인 것만 같다.

그러나 사실 로켓 과학은 그렇게 복잡하지 않다. 로켓의 기원은 중국이 처음 화약 로켓을 개발했던 13세기까지 거슬러 올라간다. 또한 로켓의 비행경로에 숨어 있는 물리 법칙은 아이작 뉴턴이 1686년에 운동 법칙을 세운 이래로 널리 알려지게 되었다. 이미 학교에서는 학생들이 이 규칙들에 대해 배우고 있으며, 성인이 되어서도 이 규칙들을 기억하는 사람들도 많다.

이제 로켓의 작동 원리에 대해 간단하게 알아보자.

로켓에는 여러 가지 유형이 있지만, 우리는 새턴 V 또는 팔콘과 같은 전형적인 액체 추진 로켓에 집중해 보도록 하겠다.

로켓의 길이와 무게의 대부분은 연료와 산화제로 채워진다. 예를 들어, 새턴 V 로켓의 첫 번째 단계는 등유 연료와 연소에 필요한 액체 산소 탱크로 구성된다. 그 아래에는 연소실과 배기 노즐로 나뉜 로켓 엔진이 위치한다.

로켓 엔진에 시동을 걸기 위해서는 연료와 산화제가 연소실로 공급되어야 한다. 점화가 되면 모든 방향으로 폭발적인 에너지가 방출되지만, 이 에너지가 외부로 분출되기 위해서는 아래쪽에 위치한 배출 노즐을 통해서만 가능하다. 여기서 뉴턴의 제3법칙을 기억해보기 바란다.

이 법칙에 따르면 모든 작용에는 동등한 반작용이 따른다. 이 경우에 작용은 노즐 밖으로 가스를 분출하는 행위이며, 이에 대한 반작용은 로켓을 작용 방향과 반대쪽으로 밀어내는 힘이다. (즉, 로켓 발사 시 하늘로 로켓을 보내는 힘이다). 독자 여러분은 풍선을 불어보면 비슷한 경험을 할 수 있다. 손에 가스가 가득 찬 풍선을 들고 있다 놓게 되면, 로켓과 같은 원리로 풍선이 가스가 분출하는 반대 방향으로 이동하는 것을 볼 수 있다.

이 과정에서 지면이나 공기에 대한 언급이 전혀 없음을 주목하기 바란다. 로켓을 작동하는 데 지면이나 공기는 필요한 요소가 아니다. 로켓은 무언가를 밀어 붙이지 않는다. 로켓은 고압을 방출하면서 움직이는 데, 분출하는 작용에 대한 반작용력을 이용하여 분출 방향의 반대로 이동한다.

이 원리는 대기와 마찬가지로 진공상태인 우주 공간에서도 적용된다. 사실 로켓은 대기의 마찰력이 없는 우주 공간에서 더 작동이 용이하다.

로켓이 안정된 궤도에 도달하기 위해서는 연료를 충분히 연소시켜서 약 28,000km/h 정도의 엄청난 속도에 도달해야 한다. 이것은 매 초마다 8km를 움직여야 하는 엄청난 속도이다. 로켓은 상승 도중에 보통 아래 혹은 측면 부분에 위치한 부스터를 분리하여 내보낸다. 이렇게 하면 로켓의 질량을 줄여 궤도 진입이 보다 수월해진다. 이와 같은 원리 또한 오래 전인 1903년에 러시아의 콘스탄틴 치올코프스키^{Konstantin Tsiolkovsky}가 고안했다.

이것이 바로 로켓 과학의 주요 원리이다. 물론, 로켓을 궤도에 진입시키기 위해서는 위에서 언급한 요인들 외에도 각도와 속도, 공기 저항, 풍향 및 연료 비율 등을 고려해야 한다. 그러나 이것 또한 생각보다 간단한 계산만을 필요로 한다.

물론 이와 같은 요소들을 복합적으로 고려하는 것은 도전적인 일이기는 하다. 그러나 이 역시 공학의 한 부분일 뿐이다. 로켓의 추진에 숨어 있는 과학 원리는 알고 보면 간단한 편이다.

스푸트닉은 인류가 최초로 우주로 보낸 인공물이다?

독자 여러분은 우주로 보낸 최초의 인공물이 맨홀 뚜껑이라는 소문에 대해 들어 보았는가? 일부에서는 이를 두고 현대판 '찌라시'라고 말한다. 논란의 주인공인 문제의 금속판은 네바다 주의 핵 실험실 위에 달려 있던 1톤짜리 뚜껑이었다. 이 뚜껑은 핵폭발 실험이 일어나면서 하늘 높이 올라갔다. 그것도 아주 멀리 올라갔다. 아무도 이 뚜껑이 얼마나 빠른 속도로 올라갔는지에 대해서는 알 수 없지만 한 기술자는 지구의 탈출 속도의 여섯 배나 달할 것이라고 추측했다. 이 맨홀 뚜껑은 그렇게 우주로 날아갔을 것이다. 이 사건은 소련이 스푸트니크 1호를 발사하기 고작 몇 달 전인, 1957년 8월에 일어났다. 우스갯소리지만 미국인들은 우주 탐사에 있어 러시아에 한 발 앞선 셈이라고 말할 수도 있겠다.

물론 이 이야기에는 몇 가지 결함이 있다.

금속 뚜껑이 의도치 않게 하늘로 발사되어 우주에 도달했는지 여부에 대해서는 확인할 수 없었다. 이렇게 엄청난 속도로 움직이는 물체는 공기 마찰력으로 인해 엄청난 열을 받게 된다. 이는 우주선이 지구로 재진입할 때와 비슷하지만 우주선보다 낮고 두꺼운 대기권에서 공기의 마찰력을 받게 된다. 따라서 아마 맨홀 뚜껑은 우주에 도달하지 못하고 공중에서 사라졌을 가능성이 상당히 높다. 또 만에 하나 이 뚜껑이 우주에 도달했다고 해도 이것이 우주에 도달한 첫 번째 인공물은 아니다. 우주에 도달한 첫 번째 인공물은 1940년대에 나치의 V−2 로켓이다.

V−2는 세계 최초로 성공한 탄도 미사일이었다. 제2차 세계대전 막바지에 수천 개의 V−2 미사일은 런던과 앤트워프 등지로 발사되었다. 이 미사일들은 상공 높은 곳까지 올라갔다가, 도시로 떨어지면서, 도시를 파괴하고 수천 명의 인명 피해를 입혔다. 또한 이 무기를 만들던 수용소에서도 수많은 사람들이 죽었다.

이 미사일 중 첫 번째 미사일은 아마도 독일 북동부의 페네뮌데 발틱 항구에서 발사한 MW18014였을 것이다. 이 로켓은 지면에 떨어지기 전에 상공 176km까지 도달했다. 다시 말해, 인류 최초로 우주로 보낸 인공물은 스푸트니크 미션보다 13년 전에 독일에서 쏘아 보낸 V−2 미사일이었던 것이다. 이 미사일은 지구 궤도까지는 도달하지 못했고, 또 악의적으로 사용되어졌기 때문에 영웅적인 우주 탐사 이야기들 사이에 묻혀 버리는 경향이 있지만 탐탁지 않더라도 나치가 우주 공간에 처음으로 도달했다는 것은 변함없는 사실이다.

독자 여러분 중에는 스푸트니크보다 앞서 우주에서 찍은 지구의 사진을 보고 싶은 사람이 있는가? 이 중 몇몇은 이미 온라인상에서 확인 가능하다.

전쟁이 끝난 후 미국과 소련은 V−2 기술을 이용하여 독자적인 우주 탐사 프로그램을 시작했다. 1946년 10월 24일 발사된 미국의 로켓은 카메라를 탑재하고 있었다. 비록 흑백 사진이지만 상공 105km에서 지구의 사진을 찍어 보낸 이 로켓은 이윽고 지구로 떨어져서 산산 조각이 나버렸지만, 단단한 강철 상자 안에 보관되어 있던 필름은 살아남았다. 당시 한 관계자는 "처음 이 사진을 화면에 띄웠을 때, 과학자들은 미치도록 열광했다"라고 전했다.

이처럼 다채로운 역사에도 불구하고, 여러분은 스푸트니크가 우주로 보낸 최초의 인공물이라고 배우게 될 것이다. 나는 스푸트니크를 위한 박물관도 보았다. 그럼에도 다시 한 번 말하지만 스푸트니크는 우주로 보낸 최초의 인공물이 아니다. 하지만 최초로 지구 궤도에 진입한 인공물임에는 분명하다. 뒤에서 보다 자세히 다루겠지만, 두 개의 업적은 엄연히 다르다. 어찌 보면 트집 잡기처럼 보일 수도 있지만 표현을 분명하게 하는 것은 중요하다고 생각한다. 물론 스푸트니크는 인류 기술의 역사상 중요한 척도임에는 분명하다. 그러나 전체적인 역사의 배경을 아는 일은 그 자체로도 흥미롭다고 생각한다.

우주로 처음 보낸 동물은
강아지 라이카이다?

여러분이 라이카의 이야기를 듣는다면 연민을 가져야 한다. 왜냐하면 라이카의 이야기는 우주 시대의 서막을 알리는 고전적인 이야기이기이자 한 강아지의 인생 역전부터 플라즈마 화염구로 변해 버린 결말까지 담고 있기 때문이다. 이 강아지는 전 세계의 찬사를 받으며 지구 궤도로 보내졌지만 결국에는 살아서 지구로 돌아오지 못했다.

당시는 우주 여행에 대해 아무것도 알려지지 않던 때였다. 1957년 10월에 스푸트니크 1호가 우주로 발사되면서, 우주에서도 기계가 작동할 수 있음이 밝혀졌다. 그러나 과연 사람도 기계와 마찬가지일까? 당시에는 발사 시 사람이 견뎌야 할 엄청난 가속도와 지구 궤도의 무중력 상태 그리고 지구로 돌아올 때 발생하는 급강하까지

단 하나도 검증된 것이 없었다. 결국 미국과 소련의 우주 프로그램에서는 동물 실험을 강행하기로 하였고, 이 중 라이카의 이야기가 가장 유명세를 타게 되었다.

라이카는 모스크바의 추운 골목길에서도 살아가고 있었기 때문에 가혹한 조건에서도 견뎌낼 수 있을 듯한 생명력을 보여주었다. 라이카가 가진 조건은 소련의 우주 프로그램에 선택되기에 적합했고, 결국 스푸트니크 2호에 태워 우주로 보내지기로 결정되었다.

라이카가 받은 훈련은 무자비했다. 라이카는 원심 분리기에 묶인 채로 시끄러운 소음에 노출되어야 했고, 식사 대신 젤을 먹어야 했다. 훈련을 받지 않을 때에는 우주 캡슐과 비슷한 공간에 적응시키기 위해 작은 우리에 갇혀 있어야 했다.

라이카는 1957년 11월 3일에 우주로 보내졌다. 스푸트니크 2호가 지구 궤도에 성공적으로 안착하면서, 라이카는 지구 궤도에 진입한 최초의 동물이 되었다.

라이카의 실험은 인간을 우주로 보내는 데 가장 중요한 발판이 되었다. 또한 라이카는 지구에서 가장 유명한 강아지가 되었다. 라이카의 미션을 두고 미국 언론에서는 '무트니크Muttnik'라는 이름도 붙여주었다.

그러나 불행히도 라이카의 우주선은 편도 티켓이었다. 당시 소련은 마찰열로부터 우주선을 보호할 수 있는 시스템을 개발하지 못했기 때문에, 라이카가 지구로 돌아올 수 있는 방법은 없었다. 결국 라이카는 우주에 진입한 지 몇 시간이 지나지 않아 과열로 인해 사망했다.

라이카는 최초로 지구 궤도에 진입한 동물이자 사망했던 동물이었다. 그리고 5개월 후 라이카의 유골이 지구의 대기에 재진입하였으나, 대기 중에서 불타 사라지고 말았다.

라이카는 지구 궤도에 진입한 첫 번째 동물이었지만, 사실 라이카 이전에도 이미 다른 동물들을 우주로 보냈었다. 앞서도 이야기했지만 우주에 도달한 것과 궤도 진입에는 확연한 차이가 있다. 전자는 상대적으로 간단한 로켓으로도 달성 가능하지만, 후자를 달성하기 위해서는 엄청난 출력이 필요하다. 지구에 다시 떨어지지 않고 궤도에 진입하기 위해서는 충분한 속도가 필요하기 때문이다. 굳이 두 미션의 차이를 비교하자면, 해변에서 여유롭게 수영하는 일과 수영해서 해협을 건너는 일 정도의 차이라고 할 수 있겠다.

최초로 우주로 보내진 우주 비행사는 인간이나 강아지, 혹은 그 어떤 사랑스러운 애완동물도 아니었다. 첫 번째 우주로 보내진 다세포 유기체는 바로 초파리였다.

라이카를 우주로 보내기 10여 년 전인 1947년 2월 20일, 미국은 다수의 곤충들을 우주로 보냈다. 당시 쏘아올린 미국형 V-2 로켓은 국제 우주 경계를 조금 넘어 약 109km 상공까지 올라갔다. 그러나 라이카와는 달리 우주로 보내진 초파리는 우주 비행에서 살아남았다. 왜냐하면 준궤도 비행에서는 불에 탈만큼 충분한 마찰이 일어나지 않았기 때문에, 비행 캡슐은 낙하산을 타고 다시 지상으로 돌아올 수 있었다.

　그리고 2년여 후 영장류를 최초로 우주로 보내게 되었다. 주인공은 알버트 II세로 불리는 히말라야 원숭이였다(알버트 I세는 이전 비행에서 질식사로 사망했다. 알버트 II세는 미국이 발사한 V−2 로켓에 의해 고도 134km 까지 진입했다. 그러나 불행히도 이 원숭이가 탑승한 로켓은 낙하산 오작동으로 인해 지구로 무사히 돌아오는 데는 실패했다).

　이후 1940년대 말부터 1950년대 초까지 원숭이, 쥐 그리고 곤충들이 우주로 보내졌다. 최초로 우주 비행을 경험한 강아지들은 치간^{Tsygan}과 데지크^{Dezik}였다.

　이들은 1951년 7월 22일 소련에서 우주로 보내졌다. 이 로켓은 준궤도 비행을 목적으로 발사되었기 때문에, 두터운 열 보호막이 필요하지 않았다. 이 로켓은 낙하산을 타고 지구로 무사히 귀환했으며, 강아지들 또한 무사히 돌아오면서 큰 동물 중에서는 최초로 지구 귀환에 성공하게 되었다.

　치간과 데지크 외에도 라이카 전에 우주로 보내진 강아지들은 수십 마리나 되었다. 물론 라이카는 우주 궤도에 처음으로 진입한 강

아지가 되었지만, 확실히 우주에 최초로 도달한 강아지는 아니었다. 사람의 경우, 1961년 유리 가가린이 최초로 우주에 도달하였으며, 이미 쥐와 개구리 등을 포함하여 다른 십 여 마리 종류의 생명체들이 인간보다 앞서 우주로 보내진 후였다.

1960년대 들어서까지 동물들은 계속해서 우주 탐사에 중요한 역할을 했다. 만약 여러분이 아폴로 우주 비행사들이 달 궤도로 보내진 최초의 지구 생명체라고 생각하고 있었다면, 지금 다시 한 번 생각해보기를 바란다. 1968년, 아폴로 8호를 발사하기 몇 달 전에, 이미 작은 노아의 방주라고 불리던 우주 탐사선 존드 5호$^{Zond\ 5}$가 우주 비행사들에 앞서 달 궤도에 도달했다. 소련의 존드 5호 우주 탐사선에는 초파리, 딱정벌레 그리고 거북이 한 쌍이 탑승하고 있었으며, 최초로 먼 우주로 생명체를 보낸 미션으로 기록되었다. 이들의 우주 탐사선은 성공적으로 지구로 귀환했으며[4] 이 사건을 두고 토끼와 거북이의 우화가 자주 인용되곤 했다.

4) 거북이의 수명을 고려할 때, 당시 우주로 보낸 거북이들은 아직도 살아남았을 가능성이 높다. 다시 말해, 러시아의 누군가는 아폴로의 우주 비행사 닐과 버즈를 앞선 애완동물을 소유하고 있는 셈이다.

우주 비행사들은
지구의 중력을 탈출했다?

우주에 대해 모두가 알고 있는 한 가지는 무중력 상태라는 것이다. 우주 비행사는 중력의 제약을 받지 않고 이동이 가능하다. 천장과 벽의 위치도 바뀔 수 있다. 여러분이 손가락만으로 무거운 아령을 들거나, 이빨로 다른 우주 비행사를 끄는 일도 가능하다. 어떻게 보면 우주 공간은 매우 즐거운 일로 가득해 보인다. 21세기 후반에 들어서면 아마도 '무중력$^{zero\ gravity}$'을 이용한 스포츠, 영화, 혹은 성적 모험 등이 인기를 끌지도 모른다. 그러나 '무중력'이라는 문구는 잘못된 표현이다. 어떤 인간도 진정한 의미의 무중력을 경험하지는 못할 것이다.

국제우주정거장의 우주 비행사가 기내에서 떠다니는 것처럼 보이지만, 사실 이들은 낙하하고 있는 것이다. 그것도 매우 빠르게 말이다. 우주 비행사와 국제우주정거장 모두 지구의 중력에서 완전하게 벗어나지는 못하며, 사실은 매우 빠른 속도로 지구의 중심을 향해 이동하고 있다. 다행히도 이들은 중력에서 계속해서 벗어나고 있을 뿐이다.

우주선과 우주선의 탑승자들은 시간당 수천 km의 속도로 빠르게 옆으로 이동하고 있다. 그렇게 해서 우주정거장은 지구 궤도 주변을 맴돌게 되는 것이다.

이런 식으로 자유낙하를 통제하게 되자, 우주정거장 내에는 마치 중력이 없는 것처럼 느껴지는 것이다. 우주 비행사들은 무게를 느끼지 못하고 벽이나 바닥, 혹은 천장에도 닿지 않게 된다.

여러분은 급속도로 떨어지는 엘리베이터 안에서도 같은 효과를 느낄 수 있다. 물론 이 경험으로 인해 독자 여러분의 수명은 줄겠지만 말이다. 그러나 분명한 건 중력이 존재한다는 것이다. 만약 중력이 갑자기 사라지게 된다면, 국제우주정거장은 우주 멀리로 튕겨져 나가게 될 것이다.

우주에서는 두 가지 유의사항이 있다. 첫 번째는 국제우주정거장에 있는 비행사들이 지구에서만큼 중력의 영향력을 받지 않는다는 것이다.

1687년, 아이작 뉴턴은 행성 같은 거대한 물체로부터 멀어지게 되면 중력의 영향력 또한 줄어들게 된다고 설명했다.[5] 지구의 저궤도에 있는 사람들은 표면으로부터 약 400km 위에 놓이게 된다. 혹은 보다 정확하게 설명하자면 지구의 질량 중심으로부터 400km 떨어진 곳에 존재하게 된다. 이 거리에서 중력은 표면에서 느낄 수 있는 힘의 90% 정도로, 중력의 힘은 줄어들지만 사라지는 것은 아니다.

두 번째는 여태까지 말했던 것과 정반대이다. 여태껏 말해왔던 내용은 뉴턴의 이론에 기초한 것이다. 즉, 이것들은 뉴턴이 발견한 운동의 법칙과 중력의 법칙에 따른다는 것이다.

우리가 만약 아인슈타인의 상대성이론을 적용하여 궤도 우주선을 고려하면, 중력이 없는 환경을 고려할 수 있다. '등가원리'에 따르면, 지구 궤도를 공전하는 우주 비행사가 본인이 탑승한 우주선의 자유 낙하를 인지할 수 있는 유일한 방법은 우주선 창밖을 확인하는 것뿐이다. 이 우주 비행사는 질량의 중심과 항성의 영향 등으로부터 벗어나 언제든 표류할 수 있다. 이런 상황에서는 무중력이라는

---

5) 보다 정확하게 말하자면, 어떤 두 물체라도 두 물체의 중심 간의 거리의 제곱에 반비례하는 크기의 중력의 당기는 힘을 느낄 수 있다. 이는 소위 '역제곱의 법칙'이라고 부른다. 보다 쉽게 설명하면, 당신과 지구 중심까지의 거리가 2배가 되면(거리=×2), 중력의 힘은 4배나 약해진다. (거리의 제곱=2×2=4). 만약 당신과 지구 중심까지의 거리가 3배가 된다면, 중력의 힘은 9배나 약해진다. 역제곱의 법칙은 중력뿐만이 아니라 광원으로부터의 빛의 강도 (다른 방사선도 포함)를 측정하는 데도 활용할 수 있다. 이는 사진작가에게는 유용한 정보이기도 하다. 이렇듯 하나의 간단한 수식을 배우면 여러 가지를 이해할 수 있다.

표현이 가능하다.

독자 여러분은 두 가지 방법 모두로 무중력을 설명할 수 있다. 그러나 여러분은 우주 공간이 무중력 상태라고 말할 수는 없다. 뉴턴과 아인슈타인은 우주의 중력을 서로 다른 말로 표현하겠지만, 두 위인 모두 행성의 중력의 영향력은 행성 표면에서 먼 곳까지 작용한다는 데는 동의할 것이다. 그렇기 때문에 우리는 결코 중력에서 완전히 자유로울 수는 없다. 만약 여러분이 지구에서 가장 빠른 우주선을 타고 수 세기 동안 우주 여행을 떠난다고 할지라도, 여전히 지구의 미약한 중력의 영향에서 벗어날 수 없다. 물론 이 중력의 힘은 매우 약하겠지만 말이다.

같은 맥락에서 독자 여러분은 수성, 목성, 태양, 헬리 혜성, 프록시마 켄타우리 등 다양한 행성과 항성 그리고 혜성들의 중력의 영향을 받고 있다.

유리 가가린은 지구 궤도에 처음 진입하고 무사히 귀환한 첫 번째 사람이다?

1961년 4월 12일은 인류의 역사상 영원히 기억될 날이다. 지금부터 수백 년 후에 20세기의 기념비적인 사건들이 역사의 뒤편으로 잊히게 되는 날이 올지라도, 인류가 처음 우주에 도달했던 순간만큼은 계속해서 기억될 것이다. 이 날은 인류가 새로운 경계를 넘어선 날이며, 마치 첫 번째로 생물이 바다에서 땅으로 옮겨간 날에 비견될 수 있다. 심지어 신들조차 천년이 지나면 잊혀져왔지만, 유리 가가린만큼은 쉽게 잊지 않을 것이다.

보스톡 1호의 역사적인 우주 여행은 미국 노스캐롤라이나 주 키티 호크 부근에서 인류 최초로 비행에 성공했던 라이트 형제 이후 58년 만에 이루어졌다. 보스톡 1호는 소련의 바이코누르 우주기지에서 발사되었다. 유리 가가린^{Yuri Gagarin}은 지구 상공 327km 높이까지 여행하면서, 인류 최초로 우주 공간에 들어섰다.

그렇게 가가린은 인류 최초로 지구의 대기를 벗어난 인물이 되었다. 그러나 가가린의 업적은 기술적인 측면에서 트집이 잡혔다. 비행 기록을 감독하는 국제항공연맹^{FAI}에서 우주선을 탄 채로 착륙해야만 우주 비행으로 인정한다는 규정을 가지고 있었기 때문이다. 당시 소련은 안정적인 착륙 시스템을 개발하지 못했기 때문에, 가가린은 우주선을 탈출하여 착륙해야만 했다. 결국 가가린은 마지막 7km를 남겨두고 보스토크호에서 탈출하여 별도의 낙하선을 타고 착륙했다.

합리적 기준에서 보면 가가린은 최초의 우주 비행에 성공했다. 착륙 방법을 기준으로 가가린의 우주 비행 인정 여부를 논하는 것은 마치 마라톤 선수가 마지막 몇 미터를 맨 발로 뛰었다 하여 실격시키는 일과 마찬가지로 비합리적이다. 그러나 규정은 지켜야 하는 것이었고, 소련 또한 대처 과정이 좋지 않았다.

소련 측은 착륙과정에 대한 정보를 숨긴 채, 마치 가가린이 우주선을 타고 착륙한 것처럼 발표했다. 후에 소련 측은 과실을 인정했으며, 이때쯤에는 FAI도 이미 규정을 완화해 가가린은 최초로 우주 비행에 성공한 업적을 인정받을 수 있었다.

그런데 가가린은 정말로 처음 우주를 방문한 사람이었을까? 기념비적인 사건에는 언제나 음모론이 뒤따르게 마련이다. 가가린의 경우도 예외는 아니었다.

가가린의 뉴스와 함께 거의 동시에 갖가지 소문들이 돌기 시작했다. 그중 하나는 가가린 이전에 다른 비행사가 있었으나, 우주 비행에서 귀환하다가 목숨을 잃었다는 것이었다. 이 소문에 따르면 이 비행사의 죽음은 소련 정부 측에 의해 은폐되었다고 한다.

이 비운의 주인공으로 종종 블라디미르 일류신Vladimir Ilyushin이 거론되곤 한다. 그는 가가린의 우주 비행 며칠 전에 자동차 사고에서 겨우 목숨을 건진 기록이 있었다.

음모론자들에 따르면 일류신은 자동차 사고가 아니라 우주 비행에서 귀환하는 중에 부상을 당한 것이라고 한다. 이탈리아계 아킬Achille 그리고 지오반니 쥬디카-코르디지야Giovanni Judica-Cordiglia 형제의 경우 일류신과 라디오 교신한 내용을 녹취한 자료를 가지고 있다고 주장했다.

그러나 이러한 주장들은 사실일 가능성이 매우 낮다. 우선 유리 가가린의 비행은 우주 비행 중에 전 세계에 발표되었기 때문이다. 다시 말해 가가린이 착륙하기 전에 어떤 불상사가 생길 여지가 다분했었다.

만약 이전 우주 비행이 실패로 끝났다면, 가가린의 임무 또한 그가 안전하게 도착할 때까지 비밀로 하는 편이 낫지 않았을까? 그리고 만약 가가린 이전의 비밀 임무가 이탈리아의 라디오 광팬이 감지할 수 있을 정도라면, NASA 혹은 미국의 다른 정보기관에서 이를 모를 수 있었을까?

소련과 미국의 우주 경쟁이 치열하던 시기였기 때문에, 소련의 사고 기록이 있었다면 미국인들에게는 쿠데타를 일으킬 좋은 빌미가 되었을 것이다. 그렇기 때문에 만약 유리 가가린 이전에 우주를 탐험한 비행사가 있었다면, 우리는 분명 그에 대해 들어보았을 것이다.

우주선에는 재진입 시 마찰로부터 불타는 것을 막기 위한 보호막이 필요하다?

다음 실험은 아마 여러분들도 경험해보았을 것으로 생각된다. 수영장에 뛰어들 때, 배부터 물 속으로 넣어 보려고 해보라. 어떤 일이 발생하는가? 물이 여기저기 튀게 되고, 독자 여러분의 배에는 충격으로 인한 고통이 느껴질 것이다. 고통의 원인은 여러분이 저밀도 영역에서 고밀도 영역으로 빠르게 이동했기 때문이다. 갑작스러운 물질 간의 충돌은 충격의 원인이 된다. 아마 이와 같은 충격은 누구도 반복해서 경험하고 싶지는 않을 것이다.

지구로 돌아오는 우주선 역시 비슷한 상황에 놓여 있다고 볼 수 있다. 우주선은 한 순간에 거의 진공상태인 우주에서 갑자기 지구의 대기권으로 놀라운 속도로 진입하게 된다. 만약 초음속으로 진입하는 우주선에 특별한 보호막이 없다면 결과는 참담할 것이다. 그렇기 때문에 우주선에 열보호막은 필수적이다.

여기서 자연스럽게 생각해보면 마찰력이 문제라고 생각할 수 있다. 결국 우주선이 대기 상층으로 진입 시의 속도는 일반적으로 27,000~40,000km/h이다. 이 정도의 속도에서는 얇은 기체층 일지라도 위험하다. 수십억 개의 분자들이 진입하는 우주선과 부딪히면서 생기는 마찰열은 철을 녹이기에도 충분할 정도이기 때문에 지구로 재진입하는 우주선에는 열처리 보호막이 필수적인 것이라고 생각할 것이다.

그러나 사실 정말 중요한 문제는 마찰이 아니다. 대부분의 열은 마찰이 아니라 압축으로 인해 생겨난다.

비행사들이 탑승한 우주선이 재진입할 시에는 언제나 선체의 가장 넓은 부분부터 진입을 시작한다. 예를 들어, 아폴로호와 소유즈 우주선의 경우 벨 모양의 선체 하부부터 진입을 시작하고, 우주 왕복선은 선체 앞이 아닌 하부부터 진입을 시작한다. 물론 이것은 의도적인 것이다. 가장 넓은 부분부터 대기와 맞대어 우주선의 속도를 낮추면서 활주로 혹은 낙하산을 타고 착륙이 가능하도록 하는 것이다. 또한 열을 위쪽으로 올려 보낼 수도 있다.

우주선의 넓은 면이 대기를 뚫고 내려오면서 앞쪽 공기의 압력을 그대로 받게 된다. 이 정도 속도에서는 공기가 옆으로 빠져나갈 틈도 없이 선체의 앞쪽으로 쌓이게 된다. 이렇게 압축된 공기는 엄청나게 온도가 올라간다.

독자 여러분들 중에서는 자전거 펌프의 바람구멍을 엄지손가락으로 막고 공기를 넣으면 손가락이 뜨거워지는 것을 느껴보았을 것이다. 이와 같은 원리이다.

여기서 생기는 가열된 공기 방울들은 직접적으로 선체와 닿는 것은 아니다. 여기서 생겨나는 충격파로 인해 선체와 가열된 공기는 나뉘게 된다. 여기서 열전달은 열복사로 인해 이루어진다. 보호막이 없을 경우 열복사로 인해 선체가 불타게 되지만, 마찰로 인한 열은 매우 적다.

덧붙여 궤도를 돌던 우주선이 음속의 속도로 대기로 재진입해야만 하는 것은 아니다. 우주선의 경우 역추진 로켓을 이용해 속도를 줄일 수 있으며, 이 경우 열 보호막 없이 대기 상층부를 통과할 수 있다. 이를 위해서는 신속하고 강력한 역추진력이 필요하다. 이는 로켓 발사를 역으로 시행하는 것과 마찬가지이며, 이러한 전략은 수 톤의 추가적인 로켓 연료를 필요로 한다. 그렇기 때문에 감속을 위해 커다란 추가 로켓을 탑재하는 것보다 대기를 이용하여 속도를 줄이는 것이 훨씬 실용적이다.

우주에서 귀환하는 모든 물체가 방열판을 필요로 하는 것은 아니다. 예를 들어, 탄도 미사일은 국제적으로 합의된 우주의 경계인 100km 상공을 넘게 올라간다. 이는 앞서 V-2 로켓에서도 살펴보았었다. 그러나 비행사가 탑승한 우주선과는 달리, 미사일의 경우는 속도를 줄일 이유가 없다(물론 여러분이 미사일 공격을 받는 쪽이라면 다른 이야기이겠지만 말이다). 그러므로 미사일은 효과적으로 대기권을 통과하도록 제작된다.

덧붙여, 미사일들은 궤도 우주선만큼 빠른 속도로 이동하지 않는다. 미사일에도 여전히 열 보호가 필요하지만, 우주 왕복선이나 사람이 탑승한 우주선만큼 필요한 것은 아니다.

우주 왕복선은 세계 최초로
재사용이 가능하게 제작된 우주선이다?

인간을 달로 보낸 미션은 1972년 12월이 마지막이었다. 이후 아폴로 프로그램은 관심도 하락과 예산문제 등으로 인해 대폭 축소되었다. 당시 재고로 남아 있던 새턴 로켓은 미국의 우주정거장 Skylab 발사와 소련의 소유즈 우주선과의 결합을 위해 사용되었다. 마지막 우주 비행은 1975년 7월에 이루어졌다. 이후 또 다른 사람을 우주로 올려 보내는 데는 거의 6년이라는 공백 기간이 있었다. 당시 NASA는 우주 왕복선을 만드는 데 주력하고 있었다.

우주 비행 시 가장 아까운 비용은 바로 우주선 선체이다. 각 새턴 로켓 제작을 위해서는 약 $1억 1천만의 예산이 필요하다. 물가 상승률 등을 고려해서 추산하면, 현재로는 약 $7억 2천만에 가까운 비용이 소요된다. 그럼에도 불구하고 새턴 로켓과 우주선 선체 모두 향후 미션에서는 재활용할 수 없다. 엄청난 비용을 투자함에도 불구하고 우주 비행을 정기적으로 시행하는 것은 불가능한 것이다.

새턴 로켓에 이어 새롭게 고안된 우주 왕복선은 이러한 문제를 완전히 바꾸어 놓을 목적으로 개발되었다. 우주 왕복선의 하드웨어 대부분은 재사용이 가능토록 제작되었다. 또한 두 개의 추진 로켓도 회수하여 재충전이 가능했다. 이 추진 로켓들은 낙하산을 타고 바다 위로 떨어지기 때문에 회수가 가능했다. 우주 왕복선의 경우 궤도 비행을 마치고 지구로 귀환하면, 다음 미션에 재투입이 가능했다. 우주 왕복선에서 재사용이 불가능한 것은 주황색 외부 연료탱크[6] 뿐이었다. 이 탱크는 고체 로켓 부스터보다 훨씬 더 오랫동안 우주 왕복선에 부착되었다가, 대기에 빠른 속도로 재진입 시 불타서 사라지게 된다.

우주 왕복선은 1981년부터 2011년까지 135개의 미션을 수행했으며, 모든 미션은 플로리다의 케네디 우주 센터에서 발사되었다. 우주 왕복선은 여러 가지 측면에서 혁명적인 제도였다. 우선 우주

6) 1981년 4월과 11월에 이루어진 처음 두 번의 우주 왕복선 미션은 차후 수행된 미션들과는 조금 달랐다. 처음 두 번의 우주 비행에서는 자외선으로부터 주 연료탱크를 보호하기 위해 하얀색으로 페인트칠을 했다. 그러나 이것이 불필요한 조치임이 밝혀지면서, 추후 미션에는 색칠하지 않은 오렌지색 연료 탱크를 사용하게 되었다. 페인트칠을 제외하는 것은 시간과 비용 절약뿐만 아니라, 탱크의 무게도 272kg(거의 4명의 우주 비행사의 몸무게와 맞먹는 무게)이나 낮출 수 있었다.

왕복선은 최초로 (그리고 지금까지 유일하게) 3명 이상의 우주 비행사가 탑승할 수 있는 우주선이었다. 우주 왕복선에는 일반적으로 7명의 비행사가 탑승하였으며, 한 번은 8명이 탑승하기도 했다. 또한 최초로 비행사들을 연료탱크 위쪽이 아닌 옆쪽에 태우는 시스템을 구현하였으며, 착륙 시 날개를 사용하는 최초의 우주선이기도 했다. 우주 왕복선은 여러 가지 측면에서 혁신적이었으나, 처음 의도했던 재사용성으로 주목받지는 못했다.

우주 왕복선이 재사용성으로 주목받기 어려웠던 주된 이유는 매 임무를 마칠 때마다 열보호 시스템이 엄청난 타격을 입었기 때문이다. 사실 이것은 우주 왕복선의 또 다른 혁신성을 보여주는 측면이기도 했다.

우주 왕복선은 전통적인 방열판 대신에 최초로 세라믹 타일을 사용했다. 그러나 문제는 이 타일들이 비행 중에 대부분 손상되어, 다음 미션을 준비하는 과정에서 교체가 불가피했다. 또한 다음 미션을 준비하는 과정에서는 다른 복잡한 문제들도 발생했다. 사람이 탑승하는 데 안전성을 확보하기 위해서는 우주 왕복선의 모든 부분에 대한 검사와 재검사가 필수적이었다. 그렇기 때문에 한 번의 우주 비행 후 다음 비행을 준비하는 과정에는 몇 달에 걸친 정비 기간이 필요했다. 결론적으로 우주 왕복선은 재사용이 가능했으나, 상당히 많은 부분의 부품 교체를 필요로 했던 것이다.

이 부분에 대해 보다 빠른 이해를 위해 우주 왕복선에 투입되는 비용을 수치화해보자.

우주 왕복선 프로그램은 발사 전에 점검 작업을 위해 약 9,000명의 인력을 필요로 했다. 이는 분명히 적은 비용은 아니다. 또한 각 미션에 소요되는 비용은 미션의 복잡성에 따라 달라진다. 보통은 개별 미션에 약 $5억 정도가 소모된다. 물론 이 정도의 비용은 (인플레이션을 고려할 때) 새턴 V 발사 비용보다는 적지만, 그렇다고 비용이 대폭 절감되었다고 말하기도 어렵다. 특히, 새턴 로켓이 우주 왕복선보다 5배나 많은 양을 적재할 수 있다는 점을 고려하면 우주 왕복선의 경제성에 대한 의구심은 더욱 커진다. 그리고 우주 왕복선은 여러 번의 사고로 인해, 오히려 추가적인 비용들이 발생하기도 했다.

물론 우주 왕복선은 허블망원경을 수리하고 국제우주정거장 건설도 지원하는 등 놀라운 업적들을 달성했다. 그러나 경제성에 대해 살펴보았을 때, 어느 누구도 우주 왕복선 미션이 이전 미션들에 비해 경제적이었다고 주장하기 어려울 것이다.

엄밀하게 말하자면, 사실 우주 왕복선은 재사용 형태로 고안된 최초의 우주선도 아니었다. 해당 부문의 주인공은 바로 미국 공군에서 실험용으로 개발한 X-15 로켓 추진식 항공기이다.

X-15는 1959년과 1968년 사이에 199번의 비행 미션을 수행했다. 이 중 13번은 '비행사 뱃지Astronaut wings'를 받을 정도로 충분히 높은 고도까지 진입했다. 이 프로그램에서는 총 세 대의 X-15 비

행선이 만들어졌으며, 이 중 두 대는 최소 한 번 이상 우주의 경계선을 넘는 비행을 했다. 이들은 재사용을 목적으로 만들어진 우주 비행선이었으며, 우주 왕복선보다 이전에 고안되었다. 물론 두 프로그램의 차이는, X-15 비행선들은 우주 경계를 잠시 넘나들었다는 것에 반해 우주 왕복선은 장기간 지구 궤도에 머물렀다는 점이다.

우주 왕복선 챌린저호에 탑승한
우주 비행사들은 최초로 우주에서
죽음을 맞은 사람들이다?

다음은 조금 슬픈 주제로 넘어가보도록 하겠다. 말할 필요도 없겠지만, 우주는 매우 척박한 환경이다. 우주에는 공기가 없다. 온도도 약 260℃에서 최저 −100℃까지 변화가 심하다. 또한 언제나 충돌의 위험이 있다. 일반적으로 천체의 공전 속도가 28,000km/h에 달하기 때문에, 작은 금속 조각일지라도 부딪히면 심각한 피해를 줄 수 있다. 갑자기 압력이 떨어진다거나 혹은 산소 공급이 잘못되면 더 큰 위험이 발생한다. 만약 화재가 발생하면 밖으로 도망친다거나 창문을 열 수도 없다. 그렇기 때문에 우주에서 긴장을 풀기는 어렵다.

이러한 많은 위험에도 불구하고 우주에서 죽음을 맞이한 사람들은 소수에 불과하다. 대부분의 사고는 발사 또는 재진입 중에 발생했다. 이 중에서도 1986년 1월 28일 발생했던 우주 왕복선 챌린저호 사고가 아마도 가장 비극적인 사건으로 알려져 있을 것이다.

당시 부스터 로켓의 연료가 새면서 주연료 탱크가 파열되었고, 결국 우주 왕복선 본체가 발사 73초 만에 부서지게 되었다. 이 같은 참극은 불과 15km 상공에서 발생했다.

당시 사고 보고서에는 다소 황당한 내용이 기록되어 있었다. 당시 비행사 조종실이 초기 폭발에서 부서지지 않았던 것이다.[7] 조종실은 불덩어리가 되어 밖으로 튕겨져 나갔고, 탄도 궤도를 그리며 약 20km 상공까지 올라갔다가 바다에 떨어졌다.

그렇다면 비행 조종사들은 폭발에서는 살아남았지만, 수면과 충돌하면서 목숨을 잃게 된 것일까? 그럴 가능성이 높다. 물론 잔해가 너무 엉망이 되어서 확실하게 말할 수는 없지만, 몇몇 비행사들은 자유낙하 중에 여전히 의식이 있었을 것으로 보인다. 이들은 우주가 아니라 해수면에서 죽음을 맞이한 것이다.

NASA는 2003년 2월 1일에 두 번째로 우주 왕복선을 잃었다. 당시 지구로 재진입 중이던 콜럼비아호에서 사고가 발생했다. 이번에도 참극은 우주가 아니라 지구의 대기에서 발생했다. 이 왕복선의

---

7) 일반인들은 챌린저호가 폭발로 부서졌다고 생각하지만, 정확하게 말하자면 이는 사실이 아니다. 파열된 연료 탱크로 인해 균열이 생기면서 공기저항에 의해 선체가 부서지게 된 것이다. 수소 연료에 불이 붙은 것이다. 물론 이는 사고 후 발생했으며, 선체 붕괴의 원인은 아니다.

경우 뜨거운 공기가 비행기의 날개 앞 가장자리의 구멍에 들어가면서 균열이 생겼다. 이번에는 빠르게 선실 내의 기압을 줄임으로서 우주 비행사들이 조금 더 오래 살아 있을 수 있었다.

두 우주 왕복선 사고는 우주선에 있어 최악의 사고로 남아 있다. 각각의 사고로 인해 7명의 우주 비행사들이 목숨을 잃었다.

이외에도 우주 비행의 역사를 돌아보면, 여러 끔찍한 사고들이 있었다. 최초로 우주 비행사를 잃었던 것은 1967년 1월 27일 아폴로 1호에서이다. 거스 그리섬, 로저 샤피, 에드 화이트는 발사 실험 도중에 화재가 발생하여 사망했다.

불과 몇 달이 지나지 않은 1967년 1월 24일에는 비행 중에 최초의 사망자가 발생했다. 이 미션은 최초로 비행사를 태운 소유즈 미션이었다.

소유즈 프로그램은 많은 수정을 거쳤으나 반세기 동안 진행되었던 소련의 오랜 우주 탐사 프로그램이었다. 당시 데뷔 미션은 갖가지 문제를 겪었고, 결국 지구로 조기 귀환해야 했다. 슬프게도, 마지막에 발생한 오작동으로 주 낙하산이 제대로 작동하지 않았다. 당시 탑승했던 유일한 비행사였던 블라디미르 코마로프Vladimir Komarov는 지면과의 충돌로 인해 사망했다. 그 해 세 번째 참극의 주인공은 미국인 조종사 마이클 J. 아담스였다. 미국의 X-15 로켓이 대기 중의 고속 비행 중에 파괴되었지만, 이 군용 비행기는 사고 직전에 우주의 경계를 넘었던 것으로 보인다.

실제로 우주에서 죽은 사람은 단 3명에 불과하다. 사건은 1971년 소유즈 11호 미션에서 발생했다.

게오르기 도브로볼스키Georgi Dobrovolski, 빅토르 파사예브Viktor Patsayev, 블라디슬라프 볼코프Vladislav Volkov는 세계 최초의 우주정거장인 살류트 1호에서 도킹을 해제하는 도중에 조종실 캡슐 내에 압력이 떨어지면서 질식사했다. 이들의 시신은 소유즈 11호 미션을 통해 회수되었다.

지금까지 총 19명의 우주 비행사가 우주 비행 중에 목숨을 잃었으나, 실제로 우주에서 목숨을 잃은 사람은 단 3명에 불과하다. 그보다는 아폴로 1호의 사례에서처럼 우주 비행을 준비하는 과정과 훈련 중에서 많은 목숨이 소실되었다. 또한 추락사고 또는 기지 내의 다른 사고들로 인해 목숨을 잃기도 했다.

(이 글을 썼던 기준에서) 가장 최근에는 VSS Enterprise의 마이크 알스버리Mike Alsbury라는 비행사가 목숨을 잃었다. 이 민간 조종사는 미국 남부의 모하비 사막 상공 16km 지점에서 출력 테스트 중에 사고를 당했다. 다행히도 그의 동료였던 피터 시에볼드Peter Siebold는 목숨을 건질 수 있었다.

우주 탐사의 위험은 비단 우주 비행사들에게만 있는 것이 아니다. 사실, 로켓 사고로 인해 목숨을 잃은 대부분의 사람들은 우주로 향하지 않았다. 그동안 수백 명에 달하는 사람들이 로켓 발사 시 생기는 폭발로 인해 목숨을 잃었다. 특히 소련과 중국은 인명 피해가 정확하게 알려지지도 않았다. 아마도 1996년 2월 15일 중국의 시창에서 발생한 사건은 우주 비행 역사에서 가장 끔찍했던 일일 것이다.

　중국의 장정 3B$^{\text{Long March 3B}}$ 로켓은 발사 직후 정해진 경로를 벗어나면서 근처의 마을에 떨어졌다. 이 사건으로 인해 공식적으로 발표된 사망자는 6명이었으나, 실제로는 500명에 가까울 것이라고 추정되고 있다. 이는 우주 비행 역사상 가장 끔찍한 사건이었으나, 매우 소수만이 이 사건에 대해 알고 있다.

우주 비행사들은 무중력에서 쓸 수 있는 특별한 펜이 필요하다

아래와 같은 유명한 유머가 있다.

> 미국인들은 1960년대에 수백만 달러의 세금을 들여 무중력 공간에서 사용할 수 있는 펜을 개발했다. 반면에 러시아는 연필을 사용했다.

이것은 오늘날의 관점에서 일종의 '찌라시' 같은 이야기이다. 물론 그럴듯한 이야기이다. 또한 나름의 유머 포인트도 있고, 두 나라의 특징과도 부합하는 이야기이다.

미국인의 경우 최고를 위해 노력한다. 미국인들은 관료주의에 얽매여 있어 종종 상식을 잊어버리곤 한다. 반면 러시아는 아낄 줄 알며 재치있기도 하다. 또한 러시아인들은 원리 원칙보다는 실용적인 측면이 있다. 이 유명한 유머는 물론 지어낸 이야기이지만, 일부는 사실에 근거하고 있다.

일반적인 볼펜이 우주 공간에서 제대로 작동하지 않는 것은 사실이다. 볼펜이 올바로 작동하기 위해서는 중력이 필요하다. 다음번에 여러분이 쇼핑 리스트를 작성할 때, 한 번 종이를 벽에 대고 볼펜으로 글씨를 써본다면 이를 쉽게 체감할 수 있을 것이다.

미국의 우주 탐사 프로그램도 처음에는 소련과 같이 연필을 사용했다. 그러나 앞으로의 우주 프로그램을 위해서는 재사용이 가능한

기계 버전의 펜을 사용하는 것이 훨씬 합리적이라고 생각했다. 기업가인 폴 C. 피셔[Paul C. Fischer]는 독자적으로 각도와 중력에 구애받지 않고 사용 가능한 '우주펜'을 개발했다. NASA는 이를 한 묶음당 6달러에 구매하여 1967년 아폴로 미션부터 활용하기 시작했다. 소련 또한 우주펜에 매료되어 이를 구매하기 시작했다. 결국 실제로 양 국 정부는 우주펜을 개발하는 데 한 푼의 세금도 사용하지 않았다.

어쨌든 연필은 우주에서 쓰기에는 위험하다. 조종실 내에 흑연 입자가 떠다니는 일은 바람직하지 않기 때문이다. 흑연 가루들은 인체에 유해하며, 전자 회로에도 악영향을 미친다. 또한 연필로 쓴 글씨는 쉽게 지워지기 때문에 공식 문서에서 사용되는 잉크를 대체하기 어렵다. 가장 초기의 우주 미션에는 연필이 사용되었으나, 얼마 지나지 않아 단점이 명확해지면서, 우주펜으로 대체되었다.

당신의 신체는
우주의 진공상태에서 폭발할 것이다?

만약 당신이 우주복 없이 우주 공간을 떠다닌다면 어떨까? 과연 여러분의 신체는 폭발할까? 여러분의 눈알이 튀어나오고, 즉시 죽게 될 것인가? 이는 종종 공상과학 소설에서 다뤄지는 주제로 실제와는 차이가 있다. 물론 사람의 신체가 우주 공간에 노출되는 것은 매우 심각한 상황이지만, 그 즉시 치명적인 것은 아니다.

만약 여러분이 몽유병에 걸려서 우주 선체 밖으로 우주복을 입지 않고 나갔다고 가정해보자. 갑자기 선체 밖으로 빠져나간 당신이 정신을 차려보니 몸에 걸친 것은 천으로 된 잠옷뿐이었다고 생각해보자. 당신은 어떤 기분이 들 것인가?

이 경우 여러분의 신체는 여러 가지 극한 도전을 맞게 될 것이다. 우선은 숨을 쉬게 해주는 산소가 극도로 부족하다. 우주에도 물론 산소가 존재하긴 하지만, 너무나도 희박해서 $1m^2$ 내에서 한 개의 산소 원자를 찾는 것조차 힘들다. 여러분 주변은 거의 진공 상태에 있기 때문에, 폐로 들이 마실 수 있는 것은 아무것도 없을 것이다.

온도 또한 문제가 된다. 우주는 그늘에 있을 때 매우 추운 공간이다. 절대 0도인 $-273℃$에서 고작 몇 ℃ 더 높을 뿐이다. 그럼에도 불구하고, 열을 대류하거나 전도할 수 있는 매개체가 아무것도 없다. 결국 여러분은 몸 안의 모든 열이 복사로 빠져나가면서 동사할 것이지만, 즉각적인 것은 아니다.

다른 문제들로는 소규모 운석과의 충돌과 방사선의 노출 등이 있다. 그러나 아마도 다른 극한 환경들로 인해서 여기에 정신을 쏟을 여유는 없을 것이다.

가장 커다란 문제는 압력의 부재이다. 일반적으로 우리의 신체는 주변 환경과 밸런스를 맞추고 있다. 그러나 우주에는 압력이 존재하지 않는다. 우주는 진공상태이다. 여러분 신체 외부의 압력은 0기압인 반면, 신체 내부는 정상 기압 (1기압) 상태이다. 이와 같은 급격한 기압의 차이는 말 그래도 여러분의 숨을 빼앗아 갈 수 있다. 여러분 폐에 있는 공기는 여러분이 재채기하는 것보다 빠르게 빠져나갈 것이다. 만약 여러분이 숨을 참으려고 한다면, 아마도 몸이 급격하게 팽창하면서 신체 조직들이 찢겨 나갈 것이다. 그렇기 때문에 숨을 참으면 안 될 것이다. 또한 배변도 밖으로 배출되기 시작할 것이다.

그런데 다행히도 여러분은 배변 냄새를 맡지 못할 것이다. 압력의 저하는 체내 유액들에도 영향을 미칠 것이다. 압력이 낮아지면 끓는 점도 떨어지게 된다.

여러분의 피부 주변에 액체들은 빠르게 증발할 것이다. 여러분의 침 또한 증발하게 될 것이고, 안구도 급격하게 건조해질 것이다. 상대적으로 체내의 액체에는 그나마 혼란이 적을 것이다. 여러분의 피가 끓지는 않을 것이다. 체내 혈관은 꽤나 튼튼하며 진공상태에 그대로 노출되지는 않을 것이기 때문이다. 그렇기 때문에 체내 혈관들은 대체로 압력을 유지할 수 있을 것이다.

여러분의 체내의 각종 유액들은 외부로 분출되기 시작하는 반면에, 여러분의 피부는 팽창하기 시작할 것이다. 다시 말하지만, 이 자체가 치명적인 것은 아니다. 여러분의 피부와 연결 조직들은 꽤나 튼튼하기 때문에 이 지점까지는 버틸 수 있을 것이다.

이보다 더 끔찍한 것은 여러분이 무의식의 세계로 빠져들게 될 것이라는 것이다. 만약 누군가가 여러분의 주변에 있어서 여러분을 다시금 우주선 내로 회수한다면, 여러분은 끔찍한 고통에서 다시 회복할 수 있을 것이다. 아마도 1분, 혹은 2분 정도까지는 장기적인 손상을 입지 않는 선에서 버틸 수 있을지도 모른다. 그렇지만 만약 여러분이 잠결에 우주선 외부로 빠져나간 것을 본 사람이 아무도 없다면 어떻게 될 것인가?

물론 나도 인간의 신체가 우주 환경에 직접 노출될 경우 어떤 반응을 겪게 될지는 정확하게 알지 못한다. 우주 비행사들 중 그 누구도 자신의 신체를 위험에 노출하는 데 자원한 사람이 없었기 때문이다.

소문에 따르면 NASA의 우주복을 디자인하는 기술자 짐 르블랑이 진공에 가까운 환경에 노출된 적이 있다고 한다.

1966년 12월, 그는 우주복의 프로토 타입을 시험하기 위해 진공실에 들어갔다. 그때, 갑자기 압력 호스에 이상이 생기면서 실내가 진공상태로 변하게 되었다. 그는 15초 만에 의식을 잃었으나, 다행히도 장기적인 손상을 입기 전에 구조되었다. 이 사건 이후 그의 몸에 남은 이상반응으로는 귓병이 유일했다. 그가 의식을 잃기 전에 기억하는 것은 혀에 느껴지는 이상한 감각이었다고 한다. 그의 침이 증발했던 것이다.

만약 우리가 우주 탐사를 계속할 경우, 언젠가는 우주 비행사들이 진공의 상태에 노출되었다가 회수되지 못하는 상황이 발생할 수도 있다.[8] 만약 그렇게 되면 이들의 신체에는 어떤 증상이 발생할까?

진공의 상태는 우주 비행사들의 목숨을 앗아갈 뿐만 아니라, 시체를 부패시키는 박테리아들의 생명도 빼앗아 갈 것이다. 이 시체들은 빙결되겠지만 부패되지는 않을 것이다.

만약 우주 비행사들이 우주 깊은 곳에서 실종되어 행성과 위성 등의 중력의 영향에서 벗어나게 된다면, 그들의 시신은 아마도 우주를 수천 년간 떠돌면서 오랫동안 보존될지도 모르겠다. 현재로서는 이것만이 그나마 불멸의 상태에 다다를 수 있는 방법일 것이다.

---

8) 1971년 소유즈 11호에 탑승했던 3명의 우주 비행사는 선체 내에 압력이 빠져나가면서 목숨을 잃었으나, 자동비행으로 인해 그들의 시신은 지구로 귀환할 수 있었다. 자세한 내용은 P 61을 참조하기 바란다.

우주 안의 지구

지구는 항상 우리가 생각한 대로 움직이지 않는다.
만약 이러한 사실이 여러분을 혼란스럽게 만든다면,
머지않아 여러분은 지구 밖으로 여행을 떠나고 싶어 할지도 모르겠다.

지구의 날

태양이 뜨고 지는 시간은 매일 다를 수 있지만, 하루에는 항상 정확하게 24시간이 주어진다. 이것보다 더 자명한 이치는 없지 않을까? 인간이 내리는 하루에 대한 정의는 때때로 '윤초'를 끼워 넣는 경우들을 제외하고는 크게 다르지 않다. 우리는 하루를 24개의 시간대로 나누고 각 시간을 60분으로 정의했다. 그러나 안타깝게도 실제 지구는 우리의 바람대로 정확하게 움직여주지는 않는다.

천문학적으로 말해서, '하루'는 행성(또는 다른 천체)이 자축을 기준으로 1회 자전하는 데 걸리는 시간을 의미한다. 우주 내의 대부분의 천체들은 자전을 한다. 만약 천체가 자전을 하지 않는다면 매우 이상할 것이다.

우주의 모든 천체들은 생성되는 어느 시점에선가 회전력을 얻게 되어 자전을 하게 된다. 우주에는 이 천체들의 속도를 줄일 마찰력 또는 저항력이 존재하지 않기 때문에, 천체는 계속해서 돌고 또 돌게 된다.

태양계 내 대부분의 행성들은 태양과 같은 방향으로 자전한다. 오늘날 우리가 보고 있는 행성들의 모습은 태양계가 생성될 때 생겨난 것들이다.

지구와 다른 행성들은 초기 태양 주위에 몰려든 가스, 먼지 및 얼음 입자로 된 디스크로부터 만들어졌다.

이 입자들은 시간이 지남에 따라 중력과 대전된 전하에 의해 서로를 당기기 시작했다.

시간이 더 지나자, 이 입자들의 덩어리는 소위 원시행성이라고 불리는 디스크로 발전해 나갔다.

물리학의 법칙에 따르면 각운동량은 반드시 보존되어야 한다. 이것은 무슨 의미일까?

여러분이 놀이터의 회전체를 타다가 빠른 속도로 돌다가 내렸다고 가정해보자. 이 경우 여러분은 즉각 멈출 수 없을 것이다. 여러분은 땅에 닿기까지 각운동량이 진행되는 방향으로 계속해서 이동하게 되면서 지면의 마찰력에 의해 정지할 때까지 아마도 비틀거리거나, 넘어지거나, 혹은 잠시 땅바닥에 구르게 될지도 모른다. 이제 다시 원시행성 디스크로 돌아가서 거대한 천체 회전체를 생각해보자.

가스와 먼지들이 뭉쳐지게 되면서, 이들의 각운동량은 보존되어야 한다. 그러나 우주에는 이들의 각운동량을 제거할 무언가가 존재하지 않기 때문에, 형성된 천체는 각운동량 보존을 위해 계속해서 회전하게 된다. 다시 말하자면, 우리 행성은 처음 생성되었을 때부터 계속해서 자전해왔다는 것이다.

그 이후 여러 번의 충돌로 인해 자전 속도가 바뀌었을 수는 있지만, 대부분의 각운동량은 초기 원시행성 디스크에서부터 비롯된 것이다.

그러면 이제 자전주기에 대한 논의로 돌아가보도록 하자.

우리가 하루를 24시간으로 정한 것은 시간을 쉽게 정의하기 위해서이다. 24시간은 쉽게 여러 부분으로 나뉠 수 있다. 12시간으로 나누거나, 혹은 8시간 (근무시간), 6시간 (하루의 1/4), 혹은 4시간 (일반적인 의약품 투여 주기), 3시간 (평균적 술자리 시간), 2시간 (평균적 영화 상영시간), 1시간 (점심시간) 등으로 구분될 수 있다.

만약 우리가 지구가 평균적으로 자전하는 데 23시간 56분 4초라는 사실을 시간 개념에 도입한다면, 매우 혼란스러워질 것이다. 사실 하루는 우리가 생각했던 것보다 4분이나 짧다.

이렇게 보다 정확한 자전 시간은 별을 기준으로 지구의 자전 시간을 계산해서 산정된 것이다. 다시 말해, 여러분이 타이머를 밤하늘에 보이는 특정한 별의 위치에 맞춰놓는다면, 그 별이 제자리로 돌아오는 데까지 그만한 시간이 걸린다는 의미이다. 우리는 이것을 항성일이라고 부른다.

만약 여러분이 태양을 기준으로 측정한다면 다른 결과를 얻게 될 것이다. 사실 여러분은 사는 지역에 따라 다양한 결과를 얻을 수 있다. 왜냐하면 지구의 궤도가 타원형이기 때문이다. 또한 지구의 자전축은 기울어져 있기 때문에 자전축의 양 끝이 공전 궤도면과 수직이 되지 않는다. 이러한 요인으로 인해 태양을

기준으로 하루를 측정하면 (태양일) 24시간보다 21초 적거나 최대 29초 많은 구간까지 나타날 수 있다.

왜 항성일은 태양일과 약 4분이나 차이가 나는 것일까? 그 이유는 지구가 자전뿐만이 아니라 공전도 함께 하고 있기 때문이다. 지구는 매일매일 공전 궤도에서 전날 대비 약 1도씩 이동하고 있다. 하루에는 1,440분이 존재하며, 자전 한 바퀴는 360도이다. 1,440분을 360도로 나누면 1도 이동에 필요한 시간을 알 수 있으며, 여기에 숨겨졌던 4분의 비밀에 대한 해답이 있다.

이는 매우 복잡한 작업처럼 보일지도 모르겠다. 어쩌면 이 시점에서 여러분은 이런 혼란스러운 일 자체를 시작하지 않았으면 바랄 수도 있겠다. 그런데 아직도 지구의 자전과 하루의 길이에 영향을 미치는 요소들이 남아 있다. 달과의 조류 작용도 이 중 하나이다.

이렇게 지구의 자전에 외부적으로 영향을 미치는 요인을 세차라고 불리며, 심지어 강한 지진이 일어날 경우에도 자전 속도가 영향을 받을 수 있다. 그러나 달과의 조류 작용으로 인해 지구의 자전 속도는 천천히 줄어들고 있다. 공룡이 살던 시대에는 하루가 약 23시간 정도로 지금보다 짧았을 것으로 추정하고 있다.

오늘부터 2억 년 후에 우리의 자손들은 하루가 약 25시간 정도 될 것이다. 긍정적으로 생각하면 앞으로 미래의 자손들은 일반적인 술자리나 사교모임 등에 5시간 정도를 할애하게 될 것이니 참으로 부러운 일이 아닐 수 없다.

이렇듯 지구의 하루 길이는 정확하게 정해지기 어렵다. 우리가 정의한 24시간이라는 하루의 개념은 인간의 정의에 불과하다. 실제는 훨씬 더 복잡하다.

코페르니쿠스는
지동설을 주장한 최초의 인물이었다?

니콜라스 코페르니쿠스[1473~1543]는 당시 화재의 인물이었다. 그는 르네상스 시기의 천문학자로서 태양계에 대한 이해를 완전히 뒤바꾸어 놓았다.

니콜라스가 나타나기 이전에 사람들은 지구가 우주의 중심이며 태양과 다른 행성 그리고 다른 별들마저도 지구를 중심으로 돈다고 생각했다. 이 같은 개념을 천동설이라고 부르거나, 혹은 프톨레마이오스[100~168]의 천동설이라고 부른다.

그러나 코페르니쿠스는 기존 개념에서 간단한 생각의 전환을 시도했다. 바로 태양을 행성계의 중심에 두고, 지구와 다른 행성들이 그 주위를 돈다는 개념으로의 전환이었다. 코페르니쿠스의 주장은 당시 기준에서 매우 혁신적이었다.

코페르니쿠스는 30대에 이 이론을 구상하였으나, 세간의 비판을 두려워하여 수십 년 동안이나 발표를 미뤄왔다. 그리고 1543년, 고심 끝에 자신의 이론을 발표하였고, 이의 여파로 머지않아 생을 마감하게 된다. 전해지는 말에 따르면 코페르니쿠스의 관에는 그의 논문이 같이 묻혀 있다고 한다.

초기에도 코페르니쿠스의 지동설을 지지하는 이들이 있었으나, 그의 이론은 한 세기가 지날 때까지도 천문학계에서 정설로 받아들여지지 않았다. 또한 카톨릭 정교회도 코페르니쿠스의 주장에 크게 영향을 받지 않았다.

그러나 이후에 갈릴레오 갈릴레이가 코페르니쿠스의 이론을 이어 받으면서 카톨릭 정교회와의 충돌이 발생하게 된다. 계속해서 지구가 우주의 중심이 아니라는 근거들은 점점 늘어나게 되었고, 결국 오늘날에는 지동설이 정설로 인정받고 있다.

코페르니쿠스는 천문학 역사에 길이 남을 위인으로 기록되어 있다. 그럼에도 불구하고 그의 지동설은 오랫동안 무시당했다.

사실 지동설은 약 2,000년 전에 처음 시작되었다. 그리스의 천문학자인 사모스의 아리스타쿠스[기원전 310~230]는 천동설에 처음 이의를 제기한 인물이었다.

구전되는 내용에 따르면, 아리스타쿠스는 행성이 태양 주위를 돌고 있다고 주장했다고 한다. 또한 하늘에 떠 있는 별들이 태양과 유사하며, 단지 멀리 떨어져 있을 뿐이라고 믿었다고 한다. 그는 기하학적인 방법을 이용해 자신의 주장을 뒷받침했다. 하지만 아리스타쿠스는 그의 특이한 주장으로 인해 박해를 받았으며, 지동설은 신성하지 못한 주장이라 하여 탄압받았다.

이후 천동설이 중세의 정설로 받아들여졌으며, 여기에 새로운 시각을 제시한 것이 바로 코페르니쿠스였다.

비록 고대의 천문학자들 대부분이 천동설을 훨씬 매력적이라 생각하였을지는 몰라도, 아리스타쿠스 외에도 다른 가능성을 제기한 이들이 여럿 있었다. 안타깝게도 지동설을 옹호하는 다른 이들의 저서도 한때는 존재했던 것으로 보이지만, 현재에는 소실되어 존재하지 않는다.

중국의 만리장성은
달에서 보이는 유일한 인공물이다?

　나는 인류 역사상 '지구돋이earthrise'보다 아름다운 모습은 드물 것
이라고 생각한다. 아폴로 8호가 찍은 지구돋이 사진에서 달의 분화
구 너머 보이는 지구의 푸른 모습은 경외감마저 들게 할 정도이다.
이 사진에서 무한한 우주 안의 지구는 마치 정처 없이 떠도는 작은
물방울 같은 존재처럼 보인다.

　그러나 아폴로 8호가 보내온 지구돋이의 원본 사진[9]을 보면 지

---

9)　논란의 여지가 있긴 하지만, 아폴로 8호가 보내온 지구의 사진은 달을 배경으로 지구
를 찍은 최초의 사진은 아니다. 최초는 1966년 8월, 미국의 루나 오비터 1호 탐사정이 보
내온 지구의 사진이다. 당시 이 사진에 대한 관심은 높았으나, 흑백으로 되어 있어서 센세
이션을 일으키기에는 다소 부족했다. 달에서 보이는 지구돋이는 지구에서 보이는 달돋이
와는 다르게 일어난다. 달은 항상 같은 면이 지구를 향해 있다. 만약 여러분이 지구가 보이

구 내의 세밀한 부분까지는 구분이 어렵다. 이 사진에서는 간신히 육지와 바다를 구분할 수 있을 정도이며, 중국의 만리장성 같은 인공물은 아예 확인 자체가 불가능하다.

이는 달에서 찍은 다른 모든 사진들에서도 마찬가지이다. 여러분이 사진 상에서 볼 수 있는 지구의 모습은 육지와 바다 그리고 구름 정도를 구분하는 것이 전부이다. 달에서 지구의 밤 부분, 즉 태양빛을 받지 않는 부분에서 불빛들을 확인할 수 있는지 여부는 아직 확실하지 않다. 이와 관련해서는 어떤 기록도 없기 때문이다. 하지만 달 또한 태양빛으로 인해 달에서 인간의 맨 눈으로 불빛을 볼 가능성은 낮을 것이다. 그런데 아폴로 시대 이후로 도시들의 규모가 커지고 더 불빛들이 많아졌기 때문에, 아마도 오늘날에는 이 불빛들이 보일지도 모른다. 하지만 만리장성의 경우 딱히 밝게 빛나는 인공물이 아니므로 낮과 밤을 불문하고 멀리 떨어져 있는 달에서 만리장성을 확인하는 것은 불가능하다.

그렇다면 이런 풍문은 어디서부터 시작된 것일까? 놀랍게도 소문의 시작은 오래된 서적에서부터였다.

는 면에 서 있다면. 항상 지구의 하늘을 볼 수 있다. 그러나 반대편에 서 있다면 지구를 아예 볼 수조차 없다. 그렇기 때문에 지구의 출몰을 확인할 수 없다. 다행히도 아폴로의 궤도선이 달의 주위를 돌면서 지구돋이라는 인위적인 장면을 연출할 수 있었던 것이다.

1754년, 하드리아누스 성벽(Hadrian's Wall, 영국과 스코틀랜드의 경계에 위치한 로마시대의 고대 성벽)과 관련하여 영국의 골동품 전문가인 윌리암 스투켈리^{William Stukeley, 1687~1765}는 다음과 같은 글을 남겼다.

> 약 4마일 길이의 거대한 하드리아누스 성벽보다 큰 것은 중국의 만리장성뿐이다. 만리장성은 지상에 존재하는 인공물 중에서는 그 규모가 엄청나기 때문에, 달에서도 구분이 가능할지도 모른다.

그러나 당시에 그는 자신의 글에 대한 진위여부를 판단할 수가 없었다. 왜냐하면 그가 글을 썼던 시기는 우주 시대의 시작으로부터 200여 년 전이나 되었기 때문이다. 다만 스투켈리가 저명한 작가였던 것은 분명하기 때문에, 그의 주장이 신빙성 있는 것으로 받아들여졌을 수는 있다. 당시에 그가 틀렸다고 누가 말할 수 있었겠는가? 그러나 어찌되었든 스투켈리의 주장이 현재까지도 전해지면서 그의 주장을 입증할 증거가 없음에도 불구하고 일부에서 사실처럼 받아들여지고 있다.

또 다른 소문으로는 만리장성이 우주에서 보이는 유일한 인공물이라는 내용도 있다. 그러나 이 역시 잘못된 정보이다. 예를 들어, 우주 비행사는 국제우주정거장에서 도시부터, 댐, 도로, 공항 등 지상에 있는 많은 구조물을 확인할 수 있다. 하지만 만리장성은 극히 제한적인 부분만 확인이 가능한 것으로 보인다.

중국인 우주 비행사 양 리웨이^{Yang Liwei}는 만리장성이 주변 지역의 색깔과 흡사하여 구분이 불가능하다고 보고한 반면, 다른 중국인 조종사들은 만리장성을 보았다고 주장했다.

우주는 굉장히 멀다?

사실 우주는 그렇게 멀리 있지 않다. 국제적으로 합의한 우주의 경계는 해수면으로부터 100km 상공이다. 만약 여러분이 하늘을 나는 자동차를 탄다고 가정하면, 약 한 시간 정도면 도착할 거리이다.

지면에서 우주까지의 거리를 100km라고 수치화한다면, 단순한 숫자처럼 느껴질 수도 있다. 그러나 이 지점은 대기의 확실한 경계점이다. 이 정도 높이에서 대기는 매우 미약하여 비행기조차 제대로 된 운항이 불가능하다. 물론 이론적으로 100km 지점보다 약간 밑에서 엄청난 추진력으로 비행기를 운항할 수 있다면 비행이 가능하긴 하다. 그러나 100km 지점보다 약간 위에서 운항한다면, 위로 올라가는 데 매우 큰 힘이 필요하기 때문에 탈출속도에 도달하지 않는 한 위로 올라가지 못하고 궤도 주위를 돌게 된다.

이 100km의 경계는 최초로 이 지점을 계산했던 시오도르 본 카르만Theodore Von Karman, 1881~1963의 이름을 따서 카르만선이라고 부른다. 이 지점은 국제항공연맹FAI이 정한 국제 우주의 경계이다.

그리고 '국제' 우주 경계란 의미는 '대다수의 국가가 합의한' 우주 경계라고 표현하는 편이 더 적절하다. 예를 들어, 미 공군의 경우 자체적인 우주 경계 기준이 있었다. 미 공군은 상공 80km 지점을 우주의 경계로 규정했는데, 이는 대기의 중간권과 열권의 경계 지점이다. 소위 비행사 뱃지를 획득하려면 이 고도를 넘어서야 했다. 1960년대에는 8명의 비행사[10]가 X-15 음속 비행기를 타고 이 고도에 도달했다.

NASA는 국제우주연맹을 준수하였으나, 경우에 따라 기준을 변경하기도 했다. 예를 들어, 우주 왕복선 시대에는 122.3km를 경계로 정했다. 이 고도는 재진입 시에 추진기를 사용하지 않고 공기저항을 이용해 속도를 늦출 수 있는 지점을 의미했다.

---

10) 이들 비행사 중 조 워커(Joe Walker)는 1963년 8월 22일자로 최초로 우주에 두 번 도달한 인물로 기록되었다.

로켓은 우주로 무언가를 보낼 수 있는 유일한 수단이다?

우주로 무언가를 보내는 것은 어려운 일이 아니다. 여러분들도 원한다면 지금 당장이라도 할 수 있는 일이다. 한 가지 방법은 밖에 나가서 불빛을 하늘로 쏘아 올리는 것이다. 물론 대부분의 불빛은 대기와 구름에 의해 흡수되거나 흩어지겠지만, 일부는 우주에 도달할 수 있을 것이다.

사실 더 쉬운 방법도 있다. 햇빛이 화창한 날에 밖에 서 있으면, 여러분의 신체에 반사된 일부의 빛이 우주로 다시 나가게 된다. 이는 첩보 위성이 지상의 물체와 사람들을 확인하는 데 쓰는 방법이기도 하다. 이렇듯 여러분은 단지 밖에 나가기만 하더라도 수백만 개의 빛 입자들을 우주로 돌려보낼 수 있다.

이렇게 보면 여러분은 걸어 다니는 우주 프로그램이라고 할 수 있겠다.

물론 빛의 광자는 쉽게 우주로 이동할 수 있지만, 만약 우리가 사람과 같이 보다 무거운 것을 우주로 보내기 위해서는 어떨까? 아마도 로켓을 이용하는 것이 가장 간단하고 친숙한 방법일 것이다.

단거리용 로켓을 위한 기술은 11세기부터 존재하여왔으며, 우주용 로켓에 대한 개념 또한 아마 비슷할 정도로 오래되었을 것이다. 그러나 이러한 개념을 현실화할 수 있는 기술들이 20세기에 되어서야 마련되면서 비교적 최근에서야 우주 비행을 실현할 수 있게 되었다.

현재 로켓은 무거운 물체를 우주로 올려 보낼 수 있는 유일한 수단이다. 물론 로켓 외에 다른 가능성을 배제하는 것은 아니다. 대부분은 실용적이지 않다는 이유로 사라졌지만, 계속해서 로켓 외에 다른 방법들을 찾고 있다.

로켓은 비싸고, 효율적이지 않으며, 친환경적이지도 않다. 로켓의 대부분의 무게는 대기권 하부를 돌파하기 위한 연료로 채워진다. 아직까지 공학적으로 이러한 문제를 해결할 방법을 찾지 못했지만 계속해서 새로운 아이디어들을 모색 중이다.

수 세기 동안 많은 사람들이 우주 비행을 열망해왔다. 그러다 보니 작가, 철학자 등 여러 부류의 사람들이 우주 비행을 상상하여 묘사하기도 했다.

가장 초기의 흔적은 프랜시스 갓윈Francis Godwin의 《달의 사람The

Man in the Moone, 1638 》이라는 작품에서 찾아볼 수 있다. 이 책의 주인공은 거위 무리를 타고 달에 도달하였으며, 그의 거위 마차는 달의 낙원에 살고 있는 기독교인들의 환대를 받았다. 물론 이 이야기는 사실과는 매우 거리가 멀다.

이십여 년 후에는 보다 놀라운 작품이 소개된다. 시라노 드 베르주르크 Cyrano de Bergerac 가 남긴 《달나라 여행기 Comical History of the States and Empires of the Moon, 1657 》는 창의력이 돋보이는 작품이다. 이 작품의 서술자가 우주를 정복하기 위해 노력하는 모습은 이상하기 그지없다.

먼저 우주 비행사는 '이슬로 가득 찬 유리잔을' 부착한다. 태양 빛이 들기 시작하면, 잔에 담긴 물이 증발하기 시작하고, 우주 비행사는 천국으로 끌려 들어가게 된다. 작품의 뒤편에서는 돌로 된 우스꽝스러운 비행기를 우주로 쏘아 올리려고 시도하기도 한다. 물론 이는 끔찍한 실패로 끝났고, 주인공은 멍든 몸에 소고기 육수를 뒤집어쓰고 최후의 결심을 한다. 그리고 그의 비행기는 폭죽들을 이용해서 결국 비행에 성공하게 된다. 주인공은 소고기 육수[11]가 끌어당기는 신비한 힘에 의해 계속해서 달로 나아간다.

---

11) 중세에는 중력(Gravity) 보다는 육수(Gravy)에 대한 개념이 더 많았다. 아마도 '헤이, 디들 디들(Hey, Diddle Diddle)'이라는 달을 뛰어넘는 소를 표현하는 말도 여기서 시작되었는지도 모른다.

물론 이 모든 이야기들에서 나오는 우주 여행 수단들은 허구이다. 그럼에도 불구하고 갓윈과 베르주르크의 이야기에서 소개되는 '총'이라는 기술은 우주 여행의 시발점이 되었다. 총을 하늘로 쏘게 되면 총알은 수직으로 수km 올라갔다가 다시 땅으로 떨어진다. 이와 같은 원리를 이용하여 보다 큰 규모로 적용하게 되면, 우주에 도달하지 못할 이유도 없는 것이다.

이러한 개념은 초기 우주 비행 계획에서도 적용되었다. 쥘 베른의 소설 《지구에서 달까지[1865]》에 보면 초대형 총을 이용한 우주 여행 계획이 소개된다. 이 방법의 장점은 여러분이 연료통을 장착하지 않아도 된다는 점이다. 모든 에너지는 총을 처음 발사할 때 주어지기 때문이다. 그러나 우려되는 부분은 에너지를 받아 가속하는 순간 모든 승객들은 충격으로 죽게 될 것이라는 점이다. 여러분은 관성력으로 인해 찌그러지고 말 것이다. 그럼에도 불구하고, 이런 개념들을 실험하기 위해 여러 가지 형태의 총이 만들어졌다. 그중에는 성공한 것도 있었다.

1960년대에 미국과 캐나다가 협업하여 진행했던 프로젝트 'HARP(High Altitude Research project, 고도 연구 프로젝트)'에서는 바베이도스와 애리조나 주에 거대한 총을 발사하는 시설을 구축했다. 신뢰성이 높은 총의 경우 로켓보다 저렴하고 적하 및 재적재에 훨씬 적은 시간이 소모될 수 있었기 때문이다.

HARP를 통해 구축된 대형 총은 발사체를 꽤 높이 올려 보낼 수

있었다. 1966년 기록에 따르면, 83.9kg의 발사체를 최대 179km 높이까지 올려 보낼 수 있었다고 한다. 다시 말해, 대형 총을 이용하면 궤도 진입은 아니더라도 우주까지 가는 일은 충분히 구현 가능하다는 것이다.

두꺼운 대기권 하부를 뚫고 올라가는 방법 외에 유일하게 검증된 방법은 절충안을 활용하는 것이었다. 이 절충안은 기존에 비행기나 풍선 등을 이용하면 화물을 성층권 상단까지 올려 보낸 후에, 아래 놓인 두꺼운 대기를 발판으로 로켓의 추진력을 이용해 우주로 진입하는 것이었다. 페가수스 로켓은 이러한 방법으로 작동했다.

페가수스 로켓은 1990년 이래로 수십 개의 위성을 궤도에 올려놓았다. 일정 고도에서 로켓을 발사하게 되면, 사용되는 연료의 양을 현격하게 줄일 수 있었으며, 발사대를 이용하지 않아도 되어서 고가의 인프라 비용도 절감할 수 있었다.

우주 비행사들 또한 유사한 방법으로 우주로 보내졌다. 미 공군 X-15 로켓비행기는 모선에서 분리되어 우주로 보내질 수 있었다.

버진 갤러틱^{Virgin Galactic}과 같은 민간 회사는 이와 같은 시스템을 상업화하는 데 주력하고 있다. 이들의 비행기는 승객들을 궤도로 올려 보내는 것은 불가능하지만, 몇 분간의 우주 공간 체험은 가능할 수 있다.

보다 추상적인 아이디어는 바로 우주 엘리베이터를 활용하는 일이다. 하늘에 끝없이 길게 늘어져 있는 케이블을 한 번 상상해 보라. 이 케이블을 타고 작은 캡슐이 위아래로 움직이면서 승객들과 장비들을 엄청난 고도로 올려 보내는 것이다. 이렇게 되면 엘리베이터에는 오직 두 정거장만 존재한다. 하나는 지상이고, 또 하나는 대기권 높은 곳에 놓인 우주정거장이다.

물론 이런 아이디어가 실현된다면 우주 궤도 진입에 있어 엄청난 비용 절감을 가져올 수 있다. 아마 엘리베이터가 구현된다면 고비용에 위험하고 공해까지 심한 로켓 기술은 역사 저편으로 사라져 버릴지도 모른다. 우주 엘리베이터는 지상에서 우주까지 갈 수 있는 궁극의 기술이 될 것이다. 이 기술은 아마 달 또는 다른 행성에도 적용 가능할 것이다.

우주 엘리베이터의 기원은 로켓이 대기권을 돌파하기도 이전인 19세기로 올라간다. 우리가 일전에 로켓 과학 섹션에서 소개했었던, 러시아의 과학자 콘스타닌 치올코프스키[1857~1935]는 처음으로 정지 궤도까지 도달하는 타워를 제안했다.

그가 고안한 개념은 엄청난 규모의 에펠 타워 같은 형태의 구조물이었다. 사실 이는 엄밀히 말하자면 빌딩에 가까웠다. 그러나 이전에도 그랬고, 현재에도 마찬가지로, 그 정도의 높이에서 그 정도의 무게를 견뎌낼 수 있는 물질이 존재하지 않았다.

전형적인 우주 엘리베이터의 개념은 (우주 엘리베이터 관련해서는 여러 형태의 아이디어가 제시되었다) 중력의 힘을 정지궤도 밖의 36,000km 지점 정도에 위치한 균형추(아마도 지구의 궤도에 붙잡힌 소행성 등)의 무게와 맞추는 방법을 적용한다. 중력과 반대로 작용하는 힘은 케이블을 팽팽하고 안정되게 유지시켜 줄 수 있다. 그렇게 되면 화물을 거대한 밧줄 등을 이용해서 우주로 끌어올릴 수 있다.

이는 물리학적으로는 구현이 가능하지만, 현존하는 물질 중에서는 이 정도의 장력을 버틸 수 있는 것이 존재하지 않는다. 물론 우주 엘리베이터 역시 착공된다면 엄청난 비용이 요구되며, 정치적인 영향력 또한 만만치 않을 것이다. 아마도 우리가 우주 엘리베이터를 보기 위해서는 최소 수 십년 길게는 몇백 년이 걸릴지도 모른다.

대기권 하부를 우회하기 위한 다른 아이디어들도 있었다. 이 중에는 거대한 자석을 사용하는 방법도 있었고, 심지어 핵폭발을 이용하는 방법도 있었다. 그나마 단기간에 성공 가능성이 있었던 것은 대기권에서는 비행기처럼 작동하다가, 대기 상층부에서 로켓으로 변환하여 우주로 올라가는 방법이었다. 많은 연구자들이 수십년간 이 연구에 몰두하였으나, 해결책을 찾는 것은 생각보다 쉽지 않았다.

현재 세이버^{SABRE, Synergistic Air-Breathing Rocket Engine}라고 불리는 로켓 엔진을 개발 중이긴 하지만, 실적용은 2020년이나 되어야 가능할 것으로 보인다. 물론 개발된다면, 우주 탐사에 혁신을 가져올 것으로 기대되며, 지구 반바퀴를 도는데 약 1시간 정도밖에 걸리지 않을 것으로 예상된다.

이제 다시 이 장의 가벼운 주제로 돌아가 보겠다. 사실 우리는 로켓이 물질을 지구에서 우주로 보내는 가장 흔한 수단이 아니라는 것을 깨달을 필요가 있다.

자연은 '대기탈출'이라고 불리는 현상을 통해 지속해서 물질을 우주로 보낸다. 매 분마다 약 181kg에 가까운 수소가 대기를 탈출하고 있으며, 헬륨의 경우 매 분마다 3kg씩 대기를 탈출하고 있으며, 소량이긴 하지만 질소 및 산소 외에 다른 가스들도 일부 대기를 탈출하고 있다.

이렇듯 지구와 우주의 경계 사이에는 생각보다 구멍이 많다.

풍선을 타고도 우주에 갈 수 있다?

다음 세 개 기사들의 헤드라인은 모두 2017년 7월에 출간된 자료들이다.

"KFC사, 치킨 샌드위치를 우주로 보내다", "장난감 개구리를 우주 19마일 밖으로 보내다", "오늘 더비셔에서 £1,500파운드의 고급 시계를 우주로 날려 보내다."

위 세 개의 기사들은 모두 고도로 상승하는 풍선을 두고 하는 말이다. 민간 업체에게 최소 $650 정도를 지불하면 샌드위치부터 곰인형까지 헬륨 풍선을 이용해 작은 물체들을 우주로 올려 보낼 수 있다고 한다. 이 풍선이 최고도까지 도달하면, 여러분이 올려 보낸 물체는 행성 지구의 아름다운 곡선을 배경으로 한 멋진 광경을 볼 수 있게 된다.

위와 같은 이벤트는 매달 여러 번 소개될 정도로 빈번하다. 보통은 학교 과학 프로젝트나 광고를 목적으로 활용된다.

예를 들어, 장난감 개구리를 우주로 보냈던 실습은 초등학생들에게 대기와 행성에 대해 가르쳐주기 위한 좋은 교육 방법이었다. KFC는 광고 목적으로 사용되었다. KFC의 징거버거가 우주 여행을 하는 광경이 실시간으로 방송되자, 수만 명이 이 영상을 시청했다. £1,500파운드의 고가 시계의 경우 역시 광고가 목적이었으며, 35.4km 상공에 도달했다가 동커스터 북부의 반슬리와 폰테프랙트 중간 지점에 떨어졌다. 이러한 이벤트들은 새로운 우주 시대가 왔음을 알려주고 있다.

헬륨 풍선을 보다 크게 만들면 사람들을 우주로 보내는데도 활용될 수 있다. 펠릭스 바움가르트너와 알란 유스타스는 각각 2012년과 2014년에 풍선을 타고 여기에 도전했다. 언론에서는 이 죽음을 무릅쓴 도전을 크게 방송했다. 도전 시 두 명 모두 우주복을 착용했다. 이들이 높은 고도에 도달하자, 지구의 휘어진 수평선이 보이기 시작했다. 과연 이들은 실제로 우주에 도달했던 것일까? 아니면 단순히 언론의 '찌라시'에 불과했던 것일까?

풍선은 내부 기체가 외부 기체보다 가벼운 한 계속해서 상승한다. 그러나 성층권 위에 도달하면, 대기층이 매우 얇아져 풍선 내부를 가벼운 물질로 채우는 것이 거의 불가능해진다. 그렇기 때문에 풍선으로 도달할 수 있는 최대 높이는 2002년 일본에서 기록된 53km

가 최고이다. 이는 우주의 경계로 규정한 100km에 반 정도 밖에 미치지 못한다. 사람이 탄 풍선의 경우 최고 고도는 41km에 불과하다. 물론 놀라운 업적이지만, 우주를 에버레스트 산에 비교했을 때 풍선을 타고는 베이스 캠프 정도밖에 도달하지 못한 셈이다.

그럼에도 불구하고 언론에서는 개의치 않았다. 왜냐하면 '누군가가 물체를 우주로 올려보냈다' 라는 식의 헤드라인이 '누군가가 우주 경계의 1/5 고도까지 물체를 올려보냈다'라는 것보다 훨씬 자극적이기 때문이다. 그렇기 때문에 여러분이 앞으로 '풍선'과 '우주 비행'을 같은 헤드라인에서 보게 된다면 조금은 잘못된 정보임을 인식하기 바란다.

참고로 내가 이 글을 쓸 때까지는 '반슬리와 폰테프랙트 중간 지점에 떨어진 £1,500파운드의 고가의 시계는 여전히 임자를 기다리고 있다'고 하니 관심 있는 사람들은 찾아보기 바란다.

달나라 여행

그저 황폐한 곳으로만 보이는
지구의 자연 위성인 달은
사실 많은 오해들을
받고 있다.

달은 지질학적으로
활성화되지 않은 곳이다?

　닐 암스트롱과 버즈 알드린의 족적은 앞으로 수백 년 동안 달 표면을 장식할 것이다. 달의 표면에는 날씨가 존재하지 않는다. 이곳에는 바람도, 비도, 계절도 존재하지 않는다. 때때로 발생하는 유성 충돌 혹은 의도적인 훼손이 일어날 경우를 제외한다면, 아폴로가 착륙했던 지점을 어지럽힐만한 요인이 없다. 달 표면은 조용하고 평화로운 세계이다. 알드린의 표현을 빌리자면, 이곳은 '위대한 황야'이다.

　달의 표면 위에는 별다른 일이 일어나지 않지만, 달의 내부는 여전히 움직이고 있다. 1960년대와 70년대에 우주 비행사들이 달에 착륙하기 전에는 대부분의 과학자들이 달이 지질학적으로 비활성화된 곳이라고 생각했다.

그러나 아폴로 우주 비행사들이 지진계를 설치해보니, 지면 아래에 진동이 존재했다. '월진'은 대게 매우 약하지만, 일부는 달 기지를 흔들 수 있을 정도로 크기도 했다.

월진의 원인은 여러 가지가 있다. 우선 유성이 달 표면과 충돌하면서 작은 진동이 생기는 것일 수 있다. 혹은 태양열을 받은 달의 표면이 팽창함에 따라 월진이 발생할 수도 있다.

지구의 중력에 영향을 받아, 달 내부 깊은 곳에서부터 월진이 발생하기도 한다. 지구와 가까운 면의 달은 반대쪽에 비해 지구의 중력에 더 많은 영향을 받게 된다. 지구의 조석력은 달의 암석들의 진동을 유발할 수 있다.

그러나 원인을 알 수 없는 얕은 월진은 원인이 무엇인지 밝혀내기가 까다로울 수 있다. 아폴로호가 남겨 둔 지진계에 따르면 달에는 리히터 척도상 5.5에 가까운 진동이 발생할 수 있는 것으로 나타났다. 이 정도면 보호 장비가 없는 빌딩에 심각한 손상을 미칠 수 있다. 또한 월진이 지진보다 훨씬 오래 지속될 수 있다. 메마르고 경직된 달 표면의 경우 소리굽쇠마냥 진동을 계속할 수도 있다.

달 기지를 구축할 때는 이러한 달의 지질학적인 요소를 고려할 필요가 있다. 지구에서 빌딩에 금이 가는 건 귀찮은 문제 정도일지 몰라도, 달에서는 치명적일 수 있기 때문이다.

달은 항상 같은 면을 보여주므로,
자전하지 않는다?

달의 앞면은 오랜 기간 동안 지구를 내려다보았다. 심지어 고개 한 번 돌리지도 않았다. 우리가 보름달을 볼 때마다, 달의 모습은 항상 같다. 달은 항상 같은 면을 지구에 보여주고 있으며, 그렇기 때문에 달의 자전축이 고정되어 있을 것이라고 믿는 것이 어찌 보면 자연스러울 수 있다.

그러나 여태까지 이 책을 정독해 온 독자들이라면 이것은 이미 사실이 아님을 눈치챌 것이다. 달은 태양계의 다른 행성들과 마찬가지로 자전을 한다. 만약 여러분이 속독을 좋아하는 독자 여러분이라면, 여기서 잠시 속도를 늦추고 생각하는 시간을 가져보기를 바란다.

우선, 달이 자전하고 있지 않다면 어떻게 될지 생각해보자, 지구와 달을 평면 위에 놓고, 위에서 내려다본다고 가정하고, 자전하지 않는 달을 천천히 지구에 공전시켜 보도록 하자. 만약 상상하기 조금 어렵다면, 동전을 이용해서 실험해보자. 작은 동전이 큰 동전 주위를 돌 때, 작은 동전의 앞면이 어디를 향하게 되는가?

동전의 앞면이 향하는 방향은 계속해서 바뀌게 될 것이다. 작은 동전의 공전궤도 한 쪽에서는 작은 동전의 앞면이 큰 동전을 바라보고 있는가 싶더니, 반대편으로 가게 되면 동전의 뒷면이 큰 동전을 바라보게 될 것이다.

이와 마찬가지로 만약 달이 자전하고 있지 않다면, 지구를 향하는 달의 얼굴 면도 계속해서 달라질 것이다. 이로 미루어 볼 때 달이 자전하고 있는 것은 분명하다. 또한 달의 같은 면이 계속해서 지구를 향하려면, 자전 속도도 적절해야 할 것이다.

동전을 이용해서 다시 실험을 해보자. 여러분이 '달'의 역할을 맡은 동전으로 180도를 이동하는 동안 동전의 앞면이 언제나 안쪽을 바라보도록 해보자. 이렇게 하면, 1회 공전하는 동안 1회 자전을 해야만 한다.

이것은 달에게도 그대로 적용된다. 달의 자전주기는 달의 공전주기와 같다. 이 주기는 약 29.5일로 지구에서 볼 때 달과 다음 달이 뜨는 시기를 의미한다. 우리가 쓰고 있는 달력에서 한 달이라는 개념은 이와 같은 달의 움직임을 반영했다고 할 수 있다. 이는 놀라운 우연의 일치가 아닐까? 달이 우연히도 공전주기와 자전주기가 일치하게 된 것일까? 이것이 신의 계시 혹은 외계인의 농간은 아닐까?

물론 아니다. 이런 효과를 '조석 고정^{tidal locking}' 이라고 부른다. 지구의 중력이 상대적으로 작은 달에 점진적으로 회전력, 즉 토크를 부여하여 달의 자전 속도를 천천히 줄여 공전 속도와 일치하게끔 만든 것이다.

이것은 복잡한 현상이기는 하지만, 확실히 자연적인 현상이다. 비슷한 현상은 태양계 내에서도 찾아볼 수 있다. 예를 들어, 목성의 가장 큰 4개의 위성 또한 목성을 기준으로 같은 면만을 보인다. 조석 고정은 다른 항성계에서도 발견된다.

위에서 우리는 지구의 자전에 대해서는 전혀 고려하지 않았다. 지구 또한 자전을 한다. 우리가 동전으로 실험을 할 때, 지구의 역할을 맡은 동전의 자전은 고려하지 않았다. 만약 그랬다면 원래 찾고자 하는 질문과는 관계없는 복잡성이 생겨났을 것이다.

그러나 우리가 보는 관점을 바꾸어 달에서 지구를 본다고 생각해 보자. 달에서 본 지구는 어떻게 움직이고 있을까?

달에서 본 지구의 움직임은 다소 이상할 것이다. 만약 여러분이 달의 반대쪽에 서 있다면 아예 지구를 볼 수조차 없을 것이다. 이는 우리가 지구에서 달의 반대편을 볼 수 없는 것과 마찬가지이다.[12]

---

12) 사실 이것은 매우 간단하다. 여러분은 달의 50%밖에 확인이 불가능하지만, 보이는 50%의 범위는 한 달 동안 조금씩 변화한다. 달은 타원 궤도를 가지고 있기 때문에, 지구에서 보면 약간 흔들리는 것처럼 보인다. 이 효과는 달의 '칭동' 현상이라고 불리는데, 탐사정이 달을 방문하기 전에, 천문학자들로 하여금 달의 가장자리를 살짝 엿볼 수 있게 해주는 효과였다. 이렇게 하면 사실 지구에서 달 표면의 59%까지 확인이 가능하다.

반대로 여러분이 달의 앞면에 서 있다면, 항상 지구를 볼 수 있을 것이다. 뿐만 아니라 지구는 항상 달의 하늘에 같은 곳에 위치할 것이다.

아폴로호가 촬영한 '지구 돋이'는 우주선이 달 표면을 공전하면서 촬영했기 때문에 가능했던 것이었다. 달 표면에 서 있는 사람은 지구돋이를 보는 것이 불가능하다.

지구는 태양빛의 각도가 변함에 따라 그림자가 지고 드리우고를 반복하며 마치 회전하는 공마냥 같은 자리에 있을 것이다. 물론 지구는 칭동 현상으로 인해 조금 흔들리기도 할 것이다. 그러나 지구에서 본 달처럼 하늘을 가로질러 이동하지는 않을 것이다.

이제 달의 반대편으로 돌아가서 달의 거대한 신화에 대해 체크해 보자.

달의 반대편은 흔히 '달의 어두운 면Dark Side'이라고 표현한다. 그러나 이는 사실 올바른 표현은 아니다. 왜냐하면 달의 반대편 또한 우리가 보는 달의 앞면만큼이나 태양빛을 받기 때문이다. 어두운Dark이라는 표현은 사실 '가려져' 있다거나, 혹은 '미지'라는 의미를 내포하고 있었다. 그러나 오늘날에는 이미 달 탐사정이 이 지역

에 대한 상세한 이미지를 보내온 바, 달의 어두운 면이라는 표현은
더 이상 맞지 않는다.

최초의 달 반대편 사진은 1959년 10월 7일 소련의 루나 3호가
보내왔다. 이것은 역사적인 순간이었으나, 잘 알려지지는 않았다.
만약 여러분이 100명의 사람을 붙잡고 최초로 달의 반대편에 도달
한 우주선의 이름을 맞춰보라고 한다면, 과연 몇 명이나 맞출 수 있

을까? 아마도 한 명을 찾아보기 힘들 것이다. 그럼에도 이것은 우리가 자랑스러워할 만한 엄청난 성과이다.

생각해보라. 수백만 년 동안 인간은 (혹은 인간의 조상 격이 되는 영장류는) 하얗게 빛나는 달을 경외했다. 이들은 달을 숭배했으며, 두려워하기도 했다. 그러다가 언제나 같은 형태였던 달 전체에 대해 알게 되었다. 처음에는 로봇 카메라가 이를 확인했고, 로봇이 보낸 영상으로 전 인류가 확인할 수 있게 되었다. 하룻밤 만에 우리가 볼 수 있는 달의 영역이 두 배로 확장된 것이다. 아폴로 8호의 비행사 프랭크 보먼Frank Borman, 짐 로벨Jim Lovell 그리고 윌리암 앤더스William Anders는 처음으로 직접 달의 반대편을 방문한 지구의 생명체가 되었다.[13] 이것은 예전이나 지금 모두 놀라운 일이다.

---

13) 존드 5호(P43 참조)에 탑승한 거북이는 창문이 없었기 때문에 제외하도록 하겠다.

아폴로 11호는 달에 도달한
최초의 우주선이다?

닐 암스트롱[Neil Armstrong]과 버즈 알드린[Buzz Aldrin]은 1969년 7월 20일 달 표면에 처음으로 발을 내딛었다. 당시 달에는 이들뿐만이 아니었다. 또 하나의 우주선이 고요의 바다에서 기다리고 있었다. 달의 지평선 너머 하루 정도 떨어진 곳에는 무언가 남겨져 있었다.

미국은 아폴로 11호 미션에 앞서 일곱 번의 로봇 미션을 달 표면으로 보냈다. 서베이어 5호는 아폴로 11호의 착륙 지점에서 약 25km 떨어진 곳에 착륙했다. 서베이어 5호의 탐사정은 짧은 작동 기간 동안에 19,000개의 사진과 달의 중요한 정보들을 전송해왔다. 그러나 이 탐사정 역시 혼자는 아니었다. 또 하나의 우주선이 고요의 바다에서 기다리고 있었다. 달의 지평선 너머 하루 정도 다른 시기에 보내진 우주선이 존재했던 것이다.

레인저 8호는 달에 보내진 초기 미션 중에 하나였다. 레인저 8호
는 1965년 2월 20일 달의 고요의 바다에 불시착했다. 탐사정의 잔
재는 아폴로 11호에서 약 69km 떨어진 곳에 남아 있으며, 서베이
어 5호에서는 보다 가까운 곳에 위치하고 있다. 만약 22세기에 달
관광이 현실화된다면, 이 길은 '달 역사탐방로'로 남을 만한 장소가
될 것이다.

사실 다 합해서 약 30개의 기계장비가 아폴로 11호에 앞서 달에
도착했으며, 이 중 일부는 착륙선 혹은 충격장치로, 달 궤도에 보내

졌다가 미션 종료 후 표면에 추락한 경우도 있다.

달에 도착한 최초의 우주선은 오늘날 잘 알려져 있지는 않지만 소련의 루나 2호였다. 루나 2호는 1959년 9월 13일, 캐리어 로켓이 달에 떨어지고 30분 정도 후에, 달 표면에 불시착했다. 이것 또한 생각해보면 놀라운 일이다. 아폴로 11호가 달에 가기 10여 년 전에 이미 인공물이 달에 도달했다는 것이다.

부수적으로, 이 글을 작성했을 때를 기준으로 달 표면에 쌓인 인공물들의 무게를 합하면, 약 190톤에 달한다. 이는 엄청난 것처럼 느껴지지만, 사실 지구 궤도를 돌고 있는 인공물의 무게에 비하면 아무것도 아니다. 국제우주정거장 하나만 해도 450톤에 달하기 때문이다.

인류가 달에서 처음 한 말은
"한 인간의 작은 걸음…"이다?

"브루투스 너마저……" 혹은 "나는 꿈이 있습니다"까지 수없이 많은 유명한 명언 중에서, 약 25만 마일 정도 떨어져 있는 곳에서 시작된 명언도 있다.

인간의 역사상 그 어느 것도 달에 처음 발을 디딘 순간과 비교하기는 어려울 것이다. 인류가 계속해서 존재하는 한, 닐 암스트롱의 이름과 그의 첫 마디는 두고두고 사람들의 입에 오르내릴 것이다. 그런데 안타깝게도 그는 말실수를 범했다.

"한 인간의 작은 걸음, 인류의 거대한 도약That's one small step for a man, one giant leap for mankind." 그는 아마도 이렇게 말하고자 했을 것이다. 그러나 암스트롱은 실수로 "한 인류의 작은 걸음, 인류의 거대한 도약That's one small step for man, one giant leap for mankind)"라고 말해버렸다. 그

는 "a man" 대신에 "man"이라고 말하면서, 동의어를 반복한 셈이 되었다. 물론 암스트롱은 인류 역사상 위대한 일을 행한 것은 분명하기 때문에[14], 이와 같은 작은 실수는 넘어갈 수도 있다. 사실, 어떤 이들은 오디오 잡음으로 인해 "a"라는 단어가 잘 들리지 않았다고 주장하기도 한다. 당시는 1969년도였기 때문에 이런 기계적 결함은 납득할 수 있는 부분이기도 하다.

당시에 달에서부터 실시간으로 음성을 전송하는 것은 최첨단 기술이었다. 또한 암스트롱 본인도 'man'과 'a man' 중에 어떤 단어를 말했는지 기억하지 못한다고 했다.

또한 '작은 걸음$^{small\ step}$'이라는 말도 의심 가는 부분이 있다. 달 탐사선은 울퉁불퉁한 착륙을 대비해서 다리 부분에 엄청난 충격을 완화할 수 있는 기능을 탑재하고 있었다. 그러나 착륙은 예상보다 부드러웠고, 충격 완화 구역$^{crumple\ zone}$ 또한 그다지 눌리지 않았다. 이로 인해, 착륙선의 사다리는 지면에 도달하지 못했기 때문에, 암스트롱이 말한 '작은 걸음'은 생각보다 긴 걸음이었다.

마지막으로, 암스트롱의 유명한 문장은 그가 첫걸음을 내딛으면

---

14) 닐 암스트롱은 미국 시민으로 최초로 1966년에 제미니 8호에 탑승했다. 이 미션에서 그는 우주 최초로 도킹을 시도하였으며, 최초로 궤도 내에 우주선 응급상황에서 살아남은 사람이기도 하다. 반면에 버즈 알드린은 86세로 남극에 방문한 가장 나이 많은 사람으로 기록되었다. 그는 병환으로 인해 미션에서 조기 귀환해야 했다. 우연히도 뉴질랜드에서 알드린을 치료한 의사는 "Space Oddity"로 유명한 가수 데이빗 보위와 동명이인이었다.

서 한 말은 맞지만, 달 표면에서 전한 첫 번째 말은 아니었다.

사실 달 표면에서 첫 번째 말은 버즈 알드린이 전했다. 그가 낯선 세계에서 처음으로 전한 말은 짧게 "가볍게 착지했다$^{contact\ light}$"였다.

또 하나의 유명한 문장에 대해 얘기해보자면, 1970년 4월 아폴로 13호에서 말한 "휴스턴, 문제가 발생했다^{Houston,} $_{we\ have\ a\ problem}$"가 있다. 이 문장은 영화 〈아폴로 13〉에서 짐 로벨 역할을 맡은 배우 톰 행크스의 대사로 유명해졌다.

이 대사는 이후 널리 알려지면서, 자동차의 연료가 소진되거나, 갓난아기가 공공장소에서 요란을 피울 때 종종 사용되는 등 각종 패러디에 등장하기도 했다.

그러나 실제 짐 로벨의 말은 조금 달랐다. 그는 "휴스턴, 문제가 발생했었다$^{Houston,\ we've\ had\ a\ problem}$"라고 말했다. 영화에서는 보다 극적인 상황을 연출하기 위해서 대사를 조금 수정했다고 한다. 그리하여 이 대사는 미국국립영화학교에서 선정한 '미국 영화사 50대 명대사'로 선정되었다.

　사실 이 대사의 유래는 조금 더 전으로 거슬러 올라간다. 1974년 본 미션과 관련된 TV 영화 프로그램의 제목은 〈휴스턴, 문제가 생겼다Houston, We've Got a Problem〉였다. 이후 이 문구는 패러디의 대상이 되었다. 그러나 본격적인 유명세는 1995년 영화 〈아폴로 13〉을 통해서였다.

　영화 〈아폴로 13〉의 다른 유명한 장면으로는 극중에 진 크란츠Gene Kranz가 "실패는 선택사항이 아니다Failure is not an option"라고 말하는 부분이긴 하지만, 영화를 위해 너무 설정된 대사였다.

달과 관련된 다른 최초의 기록들

닐 암스트롱이 대부분의 영예를 얻긴 했지만, 다른 아폴로 비행사들도 최초의 달 기록들을 보유하고 있다. 이에 대해 하나씩 살펴보도록 하자

최초로 '작은 일'을 보다   버즈 알드린은 다른 비행사들을 재치고 최초로 달에서 소변을 본 우주 비행사가 되었다(물론 노상방뇨 같은 개념은 아니며, 우주복 내에 부착된 소변주머니를 통해 배출된다).

최초로 '큰 일'을 보다   사람들은 최초로 대변을 본 것에 대해서는 함구하고 있으나, 이는 분명히 일어났을 것이다. 후속 미션의 경우 달 표면에서 3일을 체류했기 때문에, 생리적인 현상을 오래도록 참는 것은 불가능했을 것이다. 화장실에 대해 곤경에 빠진 이야기는 뒤에도 나와 있으나 (P 240 참조), 첫 번째 배변에 대해서는 기록이 남아 있지 않다. 아폴로호의 비행사들은 달 표면에 분명 '대변용 봉투'를 부착하고 다녔을 것이다. 인터넷에 돌아다니는 기록에 따르면, 96개의 배변 봉투는 달 표면에 남겨졌다고 한다.

최초로 구토를 하다 비행사들은 때때로 점심식사 내용물과 조우하게 될 가능성이 있다. 때때로 우주의 무중력 상태로 인해 신진대사의 균형이 무너지기 때문이다. 그러나 달 표면에서는 중력이 1/6이라도 돌아오기 때문에 그나마 조금 나은 편이다.

NASA의 의료 기록에 따르면 달 표면을 걸었던 12명의 우주 비행사 중에는 아직까지 구토 증상을 보였던 사람은 없던 걸로 나타났다. 영광스러운 기록은 아니지만 아직까지 이 부문에서 최초의 영예를 차지할 기회는 남아 있다.

최초로 빵과 와인을 들다 버즈 알드린은 최초로 달 표면에서 빵과 와인을 든 사람으로 기록되어 있다. 이글호가 달 표면에 무사히 착륙하자, 알드린은 지구로 신호를 보내 관제탑에 있던 사람들에게 역사적 순간을 기념할 것을 제의하며, 와인 한 잔과 성당에서 먹는 영성체를 들었다. 훗날 그는 "나는 내가 다니는 교회에서 가져온 성배에 와인을 따랐다. 와인은 달의 1/6 중력 아래 천천히 그리고 우아하게 잔을 채웠다. 달에서 처음으로 먹은 음식과 술이 종교적 의미를 갖는 것은 흥미로운 일이었다." 라고 회고했다. 그러나 최초의 공식적인 '식사'는 알드린과 암스트롱이 함께 했으며, 베이컨 큐브와 쿠키, 복숭아, 커피로 구성된 뷔페식이었다.

여담으로 알란 빈은 최초로 달에서 스파게티를 먹은 사람이 되었다. 그의 경매에 올린 노트의 기록에 따르면, "나는 스파게티를 정말 좋아하는 사람이다 보니, 달에서 최초로 스파게티를 먹은 사람이 되고 싶었다. 그래서 음식을 담당하던 실무자에게 달에서 먹을 수 있는 두 팩의 스파게티를 요청했다. 나는 찰스 콘라드와 달에 착륙한 이후 한 팩을 먹었고, 남은 한 팩을 지구로 가지고 왔다."

그가 가져온 스파게티 한 팩은 최소 낙찰가가 $50,000였다고 한다.

최초로 골프를 치다　앨런 셰퍼드는 자랑거리가 있었다. 그는 1961년 프리덤 7호 미션을 통해 미국인 중에 최초로 그리고 전 인류에서는 두 번째로 우주에 간 사람이 되었다. 10여 년 후, 아폴로 14호를 타고 달에 가게 되었다. 그리고 달 표면에서 골프 샷을 선보이며, 인류 중에 최초로 지구가 아닌 곳에서 골프를 해본 사람이 되었다. 셰퍼드는 6번 아이언으로 두 개의 골프공을 멀리 날려 보냈다. 이 골프공은 달 표면의 낮은 중력 조건에서는 아마 지구에서 어떤 드라이버로 쳤을 때보다도 비거리가 길었을 것이다.

최초로 음악을 틀다　아마 예상할 수도 있겠지만, 프랑크 시나트라의 〈Fly Me to the Moon〉은 달 표면에서 재생된 최초의 노래이다. 아폴로 11호에 탑승했던 버즈가 이 노래를 선택했다. 같은 노래는 아폴로 10호 미션에서 달 주변을 순회할 때도 재생되었다. 만약 뮤지션 중에서 장기적인 명성을 얻기를 원하거나 행성 단위의 로얄티를 꿈꾸는 사람이 있다면 아마도 제목을 '안녕, 소행성으로부터' 혹은 '화성에 간 최초의 지구인'과 같이 지어보는 것을 추천한다.

우주에서 최초로 악기를 연주한 사람은 월터 쉬라Walter Schirra와 톰 스태포드Tom Stafford이며 1965년 12월 제미니 6호 미션에 탑승했었다. 두 사람은 하모니카와 벨을 사용하여 '징글 벨'을 즉흥 연주했다.

최초의 과학자 아폴로 17호에 탑승했던 해리슨 슈미트^{Harrison} Schmitt는 과학 전문 분야를 가진 처음이자 유일한 아폴로 우주 비행사였다. 그는 지질학자로서 연구 목적의 특이한 암석을 분별하는 일을 맡았으며, 몇 가지 주요 샘플을 찾는 데 이바지했다. 또한 1972년 12월 11을 기점으로 달 표면에 내린 마지막 지구인이 되었다(그의 동료인 유진 서난(Eugene Cernan)은 달 표면을 밟은 마지막 지구인이 되었다).

최초의 자동차 아폴로 우주 비행사들이 월면차를 타고 돌아다니는 사진이 우리에게 친숙하긴 하지만, 사실 미국은 이 부문에서 최초가 아니다. 소련이 발사한 로봇 루노코드 1호^{Lunokhod 1}는 1970년 11월에 달 표면에 도착하였으며, 이는 미국보다 8개월 앞선 것이었다. 루노코드 1호는 10개월의 미션 동안 10.5km를 이동했다.

달 표면에서 최초로 운전한 사람은 데이빗 스콧과 제임스 어윈으로

1971년 8월 에 성공했다. 이들은 아폴로 15호의 착륙지점에서 28km를 이동했다.

최초의 동물 안타깝게도 달 표면에 착륙했던 동물은 없다(물론 혹여 발견하지 못했던 작은 벌레들이 우주선 선체 내에 몰래 탔을 가능성이 남아있긴 하다). 그러나 달을 방문했던 생명체가 인간뿐만은 아니다. 아폴로 비행사들의 몸에 있는 수많은 박테리아들 또한 달을 방문했던 셈이다. 그중 많은 박테리아들은 달 표면에 남겨진 96개의 배변 봉투에 남아 있을 것이다. 앞으로 이 박테리아들이 어떻게 변해갈지는 아무도 모른다. 언젠가 인류가 달을 재방문한다면, 이 박테리아들은 첫 번째 연구대상이 될지도 모른다.

최초의 장례식 비록 달 표면에서 죽음을 맞이한 사람은 없지만, 달 표면에서 묻힌 사람은 있다. 유진 슈메이커 박사는 천문학자이자 달 지질학 연구와 슈메이커-레비 9호 위성을 공동으로 발견한 사람으로 유명세를 얻었다. 그가 교통사고로 세상을 떠나자, 그의 동료들은 청원을 넣어 그의 재를 달로 올려보내는 데 성공했다.

NASA는 그의 잔재 중 일부를 채취하여, 루나 프로스펙터 선에 실었다. 이 탐사선은 미션이 끝난 후, 1999년 7월 31일 달 표면에 불시착했다. 그리하여 슈메이커는 지구가 아닌 곳에 묻힌 (혹은 일부가 묻힌) 최초의 지구인이 되었다.

달의 암석 표본 전부는
아폴로 미션에서 가지고 온 것이다?

달의 암석 표본은 매우 값어치가 높다. 6번의 달 착륙 아폴로 미션에서는 1/3톤에 달하는 달 암석 표본을 지구로 가지고 왔다. 이 중 대부분은 미국 정부 시설에 보관되어 대중들에게 공개되지 않고 있다. 극히 일부는 1970년에 각 국에 선물로 나눠주기도 했다. 이 샘플들은 달 먼지만큼이나 귀한 것이며, 도둑들의 주요 목표물이 되었다. 그리하여 선물로 나눠준 달의 샘플 중 2/3는 행적을 알 수 없으며, 도난당한 것으로 보인다.

아폴로 미션은 달 표면에 인간이 체류한 유일한 미션들이다. 그러나 달 표면 샘플은 다른 두 가지 경로를 통해 지구로 반입되기도 했다. 첫 번째는 소련의 착륙선 루나 16호와 20호 그리고 24호를 통해서이다. 이 착륙선은 1970년과 1976년 사이에 달 표면에 방문했다.

각 착륙선은 드릴로 땅을 뚫어 샘플을 채취해, 궤도선으로 올려 보냈다. 이는 실로 놀라운 성과였으며, 오늘날의 기술로도 쉽지 않은 방법이었다. 그러나 고작 300g 정도만 채취가 가능했을 뿐이며, 아폴로 미션에 비교하면 1/1000 정도밖에 되지 않았다.

또 다른 방법의 경우에는 달의 암석 표본이 지구에 도달하는 데까지 어떤 사람의 역할도 없었다. 인류는 1969년까지 달 표면에 도달하지 못했지만 달 표면 샘플은 유성 등을 통해 확보하는 것이 가능했다.

달 표면의 분화구를 보면 혜성이나 소행성과 달의 충돌이 잦음을 알 수 있다. 이런 충돌을 통해서는 잔재가 생기기 마련이다. 달의 중력은 지구의 1/6 정도밖에 되지 않기 때문에, 이 같은 잔재들 중 상당 부분이 달 표면을 벗어나게 되고, 일부는 지구에 떨어지기도 한다. 작은 덩어리들은 지구의 대기권에서 불타 버리지만, 때로는 지표면에 도달하기도 한다.[15]

---

15) 화성에서 온 운석도 우리에게 잘 알려져 있다. 이 중 하나는 남극의 앨런 힐스에서 발견된 것으로 1996년에 과학자들이 화성 태생의 미생물을 발견했다고 발표했을 때 엄청난 파장을 일으켰다. 그러나 안타깝게도 후속 연구를 통해 이는 사실이 아님이 밝혀졌다. 현재까지도 소수의 과학자들은 화성의 운석이 고대 생명의 흔적을 가지고 있다고 주장하고 있기는 하다. 금성에서 온 운석은 아직까지 알려진 바가 없다. 비록 금성은 화성보다 지구와 가깝긴 하지만, 화성보다 중력이 더 크기 때문에 물질이 빠져나가는 것이 쉽지 않다. 또한 금성의 대기는 매우 두꺼워서 소행성 등과 충돌하더라도, 파편들이 대기를 통과할 때 상당 부분 소실된다.

물론, 이 표본들이 쓰이려면 발견되고 검증이 되어야만 한다. 지구의 표면이 암석으로 가득하기는 하지만, 전문가의 눈으로 보면 식별이 가능하다. 운석이 대기를 빠른 속도로 통과하게 되면, 융해 지각이라고 불리는 흔적이 표면에 남게 된다.

운석을 발견하기에 최적의 장소는 남극으로, 어두운 돌들이 하얀 배경과 대비되어 구별이 쉽기 때문이다.

이 운석들을 수집하면 화학 반응과 스펙트럼 분석 등을 통해 일반적은 운석 (보통은 소행성대에서부터 유래된다)들과 비교분석하는 작업을 한다.

여태까지 약 325개의 달 운석들이 수집된 것으로 알려져 있으며, 아쉽게도 이 중 대부분은 같은 암석의 파편들이다. 이 암석들은 아마도 달의 같은 부분에서 왔을 가능성이 높다. 이 중 일부는 달의 반대편에서 왔을 가능성도 있으나, 이를 구분할 방법이 없다.

전체 달 운석 표본은 약 177kg이나 된다. 그러나 이것도 달 전체에 비하면 극히 일부에 지나지 않는다. 그렇지만 대단한 성과임에는 분명하다.

우리가 달을 보다 더 이해하기 위해서는, 달로 가서 더 많은 샘플들을 채취할 필요가 있다.

달 착륙이 사실이 아니었으며,
증거도 다분하다?

인간은 달에 여섯 번 착지했다. 이는 역사상 가장 위대한 업적 중 하나이다. 그 누구도 달 착륙이 인류사에서 중대한 업적이 아니었다고 주장하기는 어려울 것이다. 물론 여러분이 달 착륙이 일어나지 않는다면 다른 얘기이다. 이런 사람들은 생각보다 많이 있다. 음모론자들은 사람이 달 표면에 간 적이 없다고 주장하며 이 같은 여정은 모두 연출된 것이라고 주장하고 있다.[16]

이러한 주장이 어떻게 시작되었는지는 쉽게 알 수 있다. 닐과 버

---

16) 〈2001년 스페이스 오디세이〉의 영화감독 스탠리 쿠브릭(Stanley Kubrick)은 종종 음모론에 등장한다. 음모론자들에 따르면 쿠브릭이 달 착륙 영상 촬영에 조언을 했을 것이라고 한다.

즈는 인간이 우주선에 탑승한 지 겨우 8년이 지난 후에 달 표면을 밟을 수 있었다. 이들은 오늘날 스마트 폰보다 백만 배는 성능이 떨어지는 컴퓨터에 의존해서 달에 도달했다. 뿐만 아니라, 이렇게 위험한 여정은 이후 큰 사고 없이 5번이나 추가로 완수되었다. 이는 믿기 어려울 정도로 좋은 결과였음에는 틀림없다. 그리하여 일각에서는 달 착륙이 교묘한 조작이었다는 증거들을 내놓기 시작한다. 이들의 주장은 흥미롭지만, 쉽게 반박할 수 있다.

> 달 표면에 꽂은 미국 국기가 펄럭인다. 그러나 달에는 바람이 불 수 없다. 그렇기 때문에 이것은 연출되었다!

달 표면을 걸었던 모든 이들의 비디오를 확인해보면 이와 같은 주장은 꽤나 흥미롭다. 실제로 달 표면에 꽂힌 미국 국기가 바람이 부는 마냥 펄럭이는 것이 보이기 때문이다. 무슨 일이 있었던 걸까?

여기에는 충분히 납득이 갈 만한 이유가 존재한다. 국기가 펄럭이는 이유는 바람 때문이 아니라, 공기가 존재하지 않기 때문이다. 달 표면에 꽂은 국기는 국기봉과 수직으로 연결되도록 와이어가 붙어 있다. 국기봉과 와이어는 진동을 증가시키기에 매우 용이하다. 지면에서 다우징을 하는 것과 비슷하다고 생각하면 된다. 그러나 달에는 이 진동을 상쇄시킬 대기가 존재하지 않기 때문에, 비행사들이 들고 있는 국기는 펄럭일 수밖에 없는 것이다. 물론 비행사가 국기봉을 놓았다고 할지언정, 대기의 저항이 없는 조건에서는 국기가 계속 펄럭일 수밖에 없다. 이것이 바로 우리가 비디오 영상에서 본 결과인 것이다. 이것은 바람에 의한 결과가 아니다. 게다가 만약 이것이 스튜디오에서 찍은 영상이라면, 왜 촬영장에 바람이 불도록 두었을까? 그것도 한 번이 아니라, 여섯 번의 모든 미션에서 누군가 문이라도 열어둔 것일까?

> 태양이 한 곳에서 비추는 데도 불구하고 비행사들의 그림자가 여러 방향으로 드리운다. 또한 그림자 지역에 서 있는 비행사들이 너무 밝게 보인다. 이것은 분명 스튜디오 내 조명 때문일 것이다.

여러분은 여러 장의 아폴로 사진에서 이 같은 점을 발견할 수 있다. 우주 비행사과 장비 그리고 암석 등에 드리운 그림자는 종종 서로 다른 방향으로 드리워 있음을 알 수 있다. 버즈 알드린이 달 착륙선의 그늘에 가려 사다리를 내려오는 장면을 찍은 경우는 그늘임에도 불구하고 그의 우주복이 뚜렷하게 보임을 확인할 수 있다.[17] 이

---

17) 종종 닐 암스트롱이 달 표면을 걷는 사진은 없고, 버즈 알드린의 사진밖에 확인할 수 없다는 주장이 제기된다. 이것은 음모론은 아니다. 이는 단지 닐 암스트롱이 사진을 찍었기 때문이다. 게다가 당시에는 셀카가 유행하던 시기도 아니었다. 또한 닐 암스트롱의 사진이 아예 없는 것도 아니다. 짧긴 하지만 닐 암스트롱이 달 표면을 밟는 영상도 있다. 또한 유명한 버즈의 사진 중에는 버즈의 앞유리에 비친 닐 암스트롱의 모습도 있다.

런 미스터리한 현상을 어떻게 설명할 수 있을까?

달의 표면은 울퉁불퉁 패인 곳이 많으며, 작은 언덕과 디보트 등도 많다. 이러한 굴곡들로 인해 그림자의 착시 현상이 일어나며, 때로는 짧거나 길게 보일 수도 있다. 그러므로 하나의 그림자가 옆의 그림자와는 다른 각도로 보이는 것은 사실 자연스러운 현상이다. 이와 같은 현상은 지구에서도 몇 개의 널빤지와 핀, 조명 등으로 쉽게 재구성할 수 있다.

물론 태양이 유일한 광원임은 사실이지만, 태양빛이 밝게 빛나는 현상은 반사를 통해 더 부각된다. 지구에서는 보름달이 밝게 빛나는 현상을 통해 확인할 수 있다.

만약 여러분이 위치를 바꾸어 달 표면에서 지구를 본다면, 반사 작용이 더 크게 나타날 것이다. 뿐만 아니라, 달 탐사선의 외부는 반사가 잘되는 물질로 만들어지기 때문에 하얀색 우주복을 입은 우주 조종사조차도 태양빛의 반사로 인해 밝게 보일 수 있다. 이와 같은 현상은 컴퓨터 모델링을 통해 실증되기도 했다.

별들은 다들 어디로 갔는가?

달 표면에서 찍은 사진에는 별들의 모습을 찾아볼 수가 없다. 대기가 없고 까만 달의 하늘에서 어떻게 그럴 수 있는가? 음모론자들은 사진 배경에 별들이 보이지 않는 현상을 두고 사진이 연출된 것이라고 주장하기도 한다. NASA는 필름에서 찍은 환경을 재구성하는 것이 거의 불가능하다고 판단했고, 따라서 이에 대한 증거를 마련하지 못했다.

모든 아폴로 착륙 미션에는 태양빛이 있었다. 다시 말해, 12명의 비행사들이 달 표면을 거닐 동안 하늘에 태양이 사라진 적이 없다. 이렇게 지속적으로 태양이 빛나고, 지면으로부터 반사광이 생기게 되면 아마도 별빛을 찾아보는 것은 어려울 것이다. 또한 카메라는 우주 비행사들이 태양빛으로 빛나는 지역을 돌아다니는 것을 촬영했다. 이 경우 셔터속도가 매우 빨라야 한다. 그러나 멀리서 빛나는 별빛을 잡아내려면, 훨씬 오랜 시간의 노출이 필요하다(아마도 여러분이 지구에서 직접 별을 촬영한다면 쉽게 경험할 수 있을 것이다). 그러나 이렇게 천천히 사진을 찍는다면 아마도 우주 비행사들이 제대로 잡히지 않았을 것이다.

우주 비행사들은 먼 우주의 방사선 노출로 인해 타버렸을 것이다.

방사선은 먼 우주 탐사를 반대하는 가장 큰 이유 중 하나이다. 지구의 대기와 자기장은 태양풍과 우주선 및 다른 방사선에서 오는 에너지의 대부분을 경감시킨다. 여러분이 이 보호막에서 멀리 벗어나게 될 경우에는 금방 타버릴 수 있다. 우주 방사선은 실질적인 고민의 대상이다. 향후 화성 탐사 미션은 방사선 보호막을 포함해야

하며, 그렇지 않을 경우 우주 비행사들의 건강에 심각한 문제를 초래할 수 있다. 아폴로 미션의 경우 가장 큰 방사능 노출 위협은 밴앨런대와 관련이 있다.

밴앨런대는 도넛 형태로 지구의 자기장에 둘러싸인 에너지 입자들을 의미한다. 누구도 밴앨런대에 노출되면 신체에 어떤 영향이 미치는지에 대해서 확신할 수 없었다. 다만 이 지역을 빠르게 통과하면 영구적인 손상은 입지 않을 것이라는 가설이 가장 신빙성 있었다. 그리고 이러한 가설은 검증되었다.

아폴로호 비행사들은 밴앨런대를 몇 시간 만에 통과한 결과, 병원에서 X-선을 촬영했을 때 수준의 방사능에만 노출되는 데 성공했다. 우주 비행사들 중 누구도 특별한 병적 증세를 보이지 않았다. 음모론자들이 짚어낸 밴앨런대의 위험성은 사실이지만, 이 지역에 오랜 시간 머물러야만 나타나는 현상이다.

> 달 탐사선 아래에 분화구의 모습이 보이지 않는다. 분명히 역추진 로켓으로 인해 달 표면에 분화구가 생겼을 것인데 말이다. 또한 비행사들이 달 표면에서 이륙할 때, 엔진에서 불꽃이 보이지 않는 이유는 무엇인가?

달 탐사선은 단단한 암반 위에 착륙했다. 달 탐사선의 엔진은 암석을 부식시킬 만큼 강력하지 않다. 여기서 짚고 넘어갈 점은 달의 표면이 지구 중력의 1/6밖에 되지 않는다는 점이다. 그렇기 때문에 달에서 사용되는 로켓은 지구에서만큼 강력할 필요가 없다. 따라서 달 탐사선이 착륙하거나 이륙할 때 분화구가 생기지 않는 것이다.

달 표면의 원격 카메라로 촬영한 이륙 장면은 매우 이상하다. 우주선이 하늘로 올라가는 모양이 마치 위에서 줄로 잡아당기는 마냥 튕겨져 올라가기 때문이다. 불꽃조차 보이지 않는다. 당연히 이 같은 장면은 음모론자들의 이목을 끌었다. 그러나 이에 대한 답은 간단하다.

달 탐사선의 엔진은 하이드라진과 사산화 이질소라는 특이한 연료 배합을 사용했다. 이 연료 배합은 달의 낮은 중력 환경에 적합했다. 이 연료 배합은 연소될 때 불꽃이 보이지 않는다. 그렇기 때문에 우주 비행사들은 로켓의 힘을 이용해 비행하지만, 정작 우리가 불꽃을 확인할 수는 없는 것이다.

이 외에도 달 착륙 미션에 대해 오랜 기간에 걸쳐 많은 부분이 지적되었다. 이 모든 지적사항들은 합리적인 범위 내에 답변이 되었다. 내가 달 착륙 미션이 연출되지 않았다고 확신하는 가장 큰 이유는 달에 실제로 가는 것보다 연출하는 것이 훨씬 더 힘들었을 것이라고 생각하기 때문이다.

여섯 번의 달 착륙 미션을 계획하고 이행하는 데 얼마나 많은 사람들이 투입되었을지 생각해보라. 이들 중에 몇몇은 아마도 잘 알려져 있을 것이다. 왜 여태까지 WikiLeaks 같은 집단에서 달 착륙 미션이 가짜라는 것을 밝혀내고 공증을 받지 못했을까? 그리고 가장 중요한 것은, 왜 소련이 이 같은 이슈에 함구하고 있는 것일까? 만약 달 착륙 미션이 거짓이었다면, 소련의 스파이 네트워크에서 진작에 이를 파헤쳤을 것임이 분명하다.

달에 대한 다른 음모론들

나는 앞서 인간이 달에 가본 적이 없다고 했던 주장들을 최소한 이해하려고 노력 정도는 해볼 수 있을 것 같다. 생각해보면 인류가 달을 방문했던 일은 너무나도 엄청난 업적이기 때문에 보여지는 것만을 가지고 모든 사람들을 납득시키기에는 어려울 수 있다고 생각된다. 그러나 이제부터 우리는 달과 관련된 보다 믿기 힘든 음모론들에 대해 살펴보도록 할 것이다.

잃어버린 혹은 숨겨진 문명 인류는 아득히 먼 옛날부터 달에 문명이 존재했을 것이라고 상상해왔다. 2세기경 쓰인 것으로 보이는 그리스의 고대 문서 〈진실된 역사$^{A True History}$〉에는 태양의 왕과 달의 왕 사이에 전투를 묘사하면서 달 왕국에 대해 언급하고 있다. 또한 10세기경 일본의 고전 소설 《대나무 이야기》에서는 달 공주에 대한 얘기를 다루고 있다. 우리가 앞서도 살펴보았듯, 영국의 성직자 프란시스 갓윈의 소설 《달의 사람$^{The Man in the Moone, 1638}$》은 거위를 타고 달에 가서 크리스천 문명을 만난 남자의 이야기를 다루었다. 이 외에도 여러 시대와 문명에서 달에 대한 이야기를 다루었다.

이는 불과 200여 년 전의 일에 불과하다. 물론 오늘날에는 현대 과학의 발전으로 인해 이와 같은 아이디어들은 사라졌다. 그러나 완전히 사라졌다고 말하기는 또 어렵다. UFO의 신봉자들과 일부 창의적인 공상가들은 여전히 달에서 거주가 가능할 것이라고 믿고 있다. 이들은 달 원주민들이 분화구 아래 깊은 곳에 살고 있으며, 달의 어두운 면에 우리들의 시야에서 숨어 지낸다고 주장한다.

또 하나의 말도 안 되는 주장은 달의 안쪽은 사실 빈 공간이며, 거대한 외계 우주정거장을 숨기고 있다는 것이다. 여기서 우리는 또 하나의 사고 실험을 해볼 수 있다. 의자에 앉아서 여러분이 달에서 일어나기 힘든 일이라고 생각되는 것을 떠올려보고, 그것을 검색해보라. 아마도 대개는 누군가가 이미 여러분의 생각에 대해 나름의 음모론을 써놓았을 것이다.

달에 대한 거대 음모론의 시작은 1835년으로 거슬러 올라간다. 뉴욕의 신문사 더 선은 거대한 망원경으로 관찰한 달에 대한 기사를 내어 놓는다. 이 기사에 따르면 달에는 바다와 산 그리고 원주민의 흔적들이 보인다는 것이었다. 이 망원경의 렌즈는 너무도 거대해서 달 표면의 생명체까지도 확인이 가능하다는 것이었다. 여기에는 들소와 얼룩말, 푸른 회색빛에 뿔이 한 개 달린 염소, 해변에 굴러다니는 공 모양의 양서류, 불을 다룰 줄 알고 두 발로 걷는 비버 등이 산다고 보도했다. 또한 달에는 두 개의 지적 동물이 살고 있는데, 이 중 하나는 거대한 박쥐 형태이며, 다른 하나는 천사와 비슷한 형태라고 했다.

이러한 소설은 당시에 천왕성을 발견한 것으로 유명했던 존 허셜의 동료로부터 시작되었던 것으로 보인다. 그러나 이 소설의 장본인은 결국 자신의 글이 허구임을 인정했고, 나중에는 '달 날조 사건^{The Great} ^{Moon Hoax}'라는 이름이 붙여졌다. 하지만 이 사건은 대중의 이목을 끌었고, 훗날 여러 가지 달에 대한 사기극을 위한 전초가 되었다.

아폴로 20호 보다 최근에는 아폴로 20호에 대한 루머가 돌았다. 2007년, 유튜브에는 비밀리에 달 탐사를 진행했던 아폴로 20호 미션에 대한 영상이 돌았다. 이 영상에 따르면, 아폴로 20호는 소련과 미국의 공동 미션으로 1976년 캘리포니아에서 발사되었다고 한다(이전까지 달 탐사 미션은 모두 플로리다에서 발사되었다). 아폴로 20호는 계획대로 달에 착륙했으며, 달의 고대 문명에 대한 흔적을 발견했고 당시 우주 비행사들은 동면 중인 휴머노이드를 비롯해 여러 인공물을 가지고 돌아왔다고 한다.

이는 분명 흥미로운 이야기이기도 하고, 꽤나 짜임새도 있었다. 이이야기는 사실에 근거하여 꽤나 설득력 있는 이야기를 만들어냈다. 그럼에도 불구하고, 이 이야기가 거짓임을 쉽게 분별할 수 있다.

이 영상에서 활용된 대부분의 사진들은 이전 아폴로 미션에서 촬영된 것들이었다. 또한 이 비디오가 등장한 것은 4월 1일 만우절이었다. 다시 말해, 애초부터 신빙성이 높다고 보기 힘들었다. 그리고 무엇보다도 NASA에서 새턴 V처럼 강력하고 시끄러운 로켓을 발사했음에도 불구하고, 이를 목격한 캘리포니아 사람들이 없다는 것이 가능한 일일까?

외계인 목격 "40년 전 NASA의 영상에는 UFO가 아폴로 15호의 달 착륙 장면을 보고 있는 모습이 담겨 있다?"

2015년 영국의 데일리 익스프레스 웹사이트에는 이와 같은 헤드라인이 올라왔다. 그러나 이성적인 사람들은 이 영상을 본 직후 대부분 '단순히 언덕에 불과하다'라는 반응을 보였다. 이는 아폴로 착륙 미션을 달의 외계인과 연관 지으려는 무수한 시도 중 하나에 불과했다. 음모론자들은 아폴로의 우주 비행사들과 NASA의 직원들이 외계 생명에 대해 잘 알고 있으나, 대중들에게 감추고 있다고 주장한다. 또한 이들은 외계인들이야말로 우리가 1972년 이후 달을 방문하지 않는 주된 원인이며, 지구인이 달에 무단침입을 시도하면 이들의 공격을 받을 것이라고 주장하고 있다.

흥미로운 발상이다. 조금 기괴하기도 하지만, 나름의 공상 과학 논리를 지닌 주장이다. 만약 항성 간 문명이 실재한다면, 우리의 우주 탐사에 대해 조용히 지켜보기를 원할 것이다. 우리의 관점에서 보았을 때 인류의 달 방문은 확실히 외계인들이 눈여겨 볼 만한 일이었을 것이다. 달 방문은 인류가 우주로 나아가는 중요한 기점이기 때문이다. 이와 같은 아이디어는 공상 과학 소설에서 자주 등장하며, 유명한 시리즈인 스타트렉에서도 묘사된다.

물론 외계인이 인류의 달 착륙을 관찰했다는 주장에 대해서는 어떠한 신뢰할 만한 근거도 존재하지 않는다. 이밖에도 신빙성이 떨어지는 근거들은 온라인상에 다분하다. 온라인상에는 외계 우주선이 달 주변을 지나는 사진들이 즐비해 여러분은 혼란스러울지도 모른다. 물론 이 사진들이 진짜 외계인들이었다면 훨씬 흥분되는 일이었겠지만,

안타깝게도 대부분은 먼지나 혹은 빛 굴절 현상일 가능성이 높다.

일부 웹사이트 혹은 언론에서는 닐 암스트롱과 다른 달 착륙 미션 비행사들로부터 목격담을 들었다고 주장하기도 했다. 그러나 이러한 인터뷰들은 모두 글에 불과했다. 만약 사실이라면 외계인들을 보았다고 증언한 영상이나 음성파일은 도대체 어디 있는 것일까?

실종된 우주 비행사 아폴로의 달 착륙 미션이 워낙 유명하다 보니, 미국보다 먼저 소련에서 달 탐사 프로그램을 시작했다는 사실이 종종 잊히고는 한다. 소련은 N1이라고 알려진 달 탐사선과 로켓을 개발하였으나, 불행하게도 4번의 시험 발사에서 모두 오작동이 발견되었다.

소련은 미국보다 앞서 달 착륙에 성공하기를 갈망했기 때문에, 비록 신뢰할 수 없는 기술에 대한 위험 부담이 있다 하더라도 우주 비행사들을 달로 보냈을 것이라 생각할 수 있다.

여러분은 앞서 유리 가가린 이전에 우주로 보내졌다가 사고를 당했다고 주장하는 우주 비행사 이야기에 대해 살펴보았다.

달 착륙 미션에도 이와 비슷한 소문들이 돌았다. 이 중 하나는 1968년에 미국이 아폴로 8호를 타고 달에 도착하기 몇 주 전에 두 명의 소련 우주 비행사가 탑승한 우주선이 달에 먼저 도달했으나, 지구 궤도로 복귀하는 데 실패했다는 내용이었다.

이들의 주장에 따르면 소련의 탐사선은 궤도 조준에 실패하여 먼 우주로 떨어져 나가서 다시는 소식을 들을 수 없게 되었으며, 소련은 이를 전면 부인하고 있다는 것이었다. 실종된 두 조종사 중 한 명의 이름으로 안드레이 미코얀^{Andrei Mikoyan}이 종종 거론되었다. 그러나 다시 말하지만 이에 대한 근거는 어디에도 없다.

유사한 이야기로는 1969년 7월 2일에 발사된 N1 로켓을 타고 달 착륙을 시도했던 비행사들에 대한 소문이 있다. 그러나 기록에 따르면 이 미션에는 우주 비행사가 탑승하지 않았던 것으로 보인다. 아마도 소련은 여기에 도박을 걸었는지도 모른다.

소련은 아폴로 11호의 발사가 임박했다는 것을 알고 있었다(실제로 아폴로 11호의 발사는 2주 뒤에 이루어졌다). 아마도, 혹여나 아마도, 소련이 미국을 제치고 최초로 비행사를 태운 우주선을 달로 보냈을 수도 있다. 그러나 이는 추측에 불과하며, 어떠한 증거도 없다.

N1 로켓은 발사가 된 지 몇 초 만에 폭발했다. 그것도 엄청나게 큰 폭발이었다. 이 우주선의 폭발로 생긴 불길은 인류 역사상 핵폭발을 제외하고는 가장 큰 폭발 중에 하나로 기억된다. 그럼에도 불구하고 만약 우주 비행사가 이 우주선에 탑승했었더라면 비상 탈출 기능을 통해 생존이 가능했을 것으로 보인다. 그러나 극적으로 탈출했던 우주 비행사의 이야기는 어디에도 전해지지 않는다.

이러한 이야기들은 극비 자료에 접근하지 않고서는 거짓임을 증명하기가 쉽지 않다. 결국 어떤 식으로든 증명이 되지 않는다면, 이와 같은 현대 미신들은 계속해서 돌게 마련이다.

어떤 사람도
달보다 더 먼 우주로 가보지 못했다?

아폴로 13호에 탑승했던 우주 비행사들은 그 누구보다도 먼 곳을 여행했다는 공로를 인정받아야 한다. 이들이 탑승한 우주선은 비록 폭발로 인해 절름거리기는 했지만, 달 뒤편으로 지구에서 최대 400,171km까지 이동했다. 현존하는 어떤 인물도 짐 로벨^{Jim Lovell}, 잭 스위거트^{Jack Swigert}, 프레즈 헤이즈^{Fred Haise}보다 지구에서 먼 곳까지 가 본 사람은 없다. 그럼에도 불구하고 우리가 우주 여행에 대한 정의를 조금 연장한다면, 이들보다 훨씬 먼 곳까지 여행한 사람이 한 명 있다.

클라이드 톰보우^{Clyde Tombaugh, 1906~1997}는 1930년대에 명왕성을 발견한 사람으로 유명하다. 당시에 그는 명왕성을 9번째 행성으로 생각했다. 물론 오늘날 명왕성은 왜소 행성으로 정정되었다.

또한 그는 15개의 소행성과 수백 개의 별, 은하, 은하군을 발견한 사람이기도 하다.

그의 빛나는 업적은 태양계에서도 계속되었다. 화성의 분화구 중에는 톰보우의 이름을 붙인 것도 있을 정도이다. 명왕성의 유명한 하트 모양의 평원에도 톰보우의 이름이 붙여졌다. 그리고 톰보우의 또 하나의 업적은 그가 바로 태양계를 넘어선 최초의 인물이라는 것이다.

2006년 태양계 밖을 겨냥하여 발사된 NASA의 뉴 호라이즌스 탐사정에는 우주 비행사의 재가 일부 담겨 있다. 이 탐사정은 2015년 명왕성을 지났으며 현재 카이퍼 벨트 대에 있다. 비록 재의 형태이긴 하지만, 톰보우는 조만간 항성계 간 여행을 한 최초의 사람이 될 것이다.

톰보우의 재를 담은 상자에는 다음과 같은 글귀가 적혀져 있다.

> 이곳에는 미국인 클라이드 W. 톰보우의 재가 담겨져 있다. 그는 명왕성과 태양계의 '제3지역'을 발견한 인물로서, 아델과 머론의 아들이자, 패트리시아의 남편이며, 아네트와 알덴의 아버지이며, 천문학자이자, 선생님이며, 유머러스하고 친근한 사람이었다.
>
> 클라이드 W. 톰보우[1906~1997],

앞으로 수백만 년 후, 외계 생명체의 탐사정이 이를 발견하게 될지도 모른다. 이곳의 과학자들은 아마도 탐사정이 어디서 왔는지, 혹은 어떤 미션을 수행했는지 등에 대해 어렵지 않게 밝혀낼 수 있을 것이다. 그렇지만 '유머러스'하다는 표현에 대해서는 어떻게 받아들일지 궁금하다.

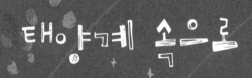

태양계 속으로

지구는 가장 습한 행성이 아니며,
수성은 가장 뜨거운 행성이 아니며,
토성만이 고리를 가지고 있는 행성도 아니다.

고리가 있는 행성은 토성이 유일하다?

　가끔씩 매거진과 TV 프로그램에서 태양계의 7대 불가사의가 등장하곤 한다. 불가사의 중 첫 번째 주제는 항상 토성의 고리이다. 관측 가능한 우주 내에 토성의 고리만큼 장관을 연출하는 것은 찾아보기 힘들다. 이 거대한 고리는 거의 대부분이 얼음과 작은 암석들로 구성된다. 여러분이 이 고리를 씹어 먹어보려고 한다면 아마 이빨이 부러지고 말 것이다.

토성은 종종 고리 행성[18]이라는 로맨틱한 이름으로 불리며, 굉장한 장관을 연출하지만, 그렇다고 특별한 지위를 갖는 행성은 아니다. 오늘날 우리는 태양계의 행성 중 절반이 고리를 가지고 있다는 것을 알고 있다, 목성은 4개, 천왕성은 13개 그리고 해왕성은 5개로, 모두 물질로 이루어진 고리를 가지고 있다. 그러나 이 행성들 중 어느 것도 토성만큼 뚜렷한 고리를 가지고 있지는 않다. 사실 보이저 우주 탐사정이 1970년대와 1980년대에 이 행성들을 촬영하기 전까지는 이 행성들의 고리를 확인한 사람이 없었다.

이 행성들의 고리는 어디서부터 온 것일까?

토성의 고리의 기원은 여전히 미스터리이다. 고리를 구성하는 물질은 작은 입자부터 크게는 지름이 10m에 달하기까지 한다. 한 가설은 이 고리가 토성의 중력으로 인해 부서진 위성들의 잔재일 것이라는 추측이다. 다른 가설에서는 이 고리들이 좀 더 초기에 생겨났다고 보고 있다. 이 가설은 토성의 고리가 사라진 위성의 잔재가 아니라 토성이 행성으로 자리 잡기 이전에 물질들로 구성되었다고 주장한다.

최소한 일부 물질은 토성이 아닌 다른 곳에서부터 왔다. 토성의

---

18) 나는는 개인적으로 '부유 행성'이라는 표현을 선호한다. 토성은 밀도가 액체 상태의 물보다 낮은 유일한 곳이기 때문이다. 만약 여러분이 토성 내에 충분한 공간의 바다를 발견하고, 물에 잠긴 행성이 흩어져 버리는 것을 막을 수만 있다면, 여러분은 토성이 액체 상태로 일렁거리는 것을 볼 수 있을 것이다.

고리 중 하나는 토성의 위성인 엔셀라두스의 표면에서 분출된 얼음 물질들을 포함하고 있다.

목성의 고리는 갈릴레오 우주선이 1995에서 2003년 사이에 목성 주변을 돌면서 근접 촬영했다. 우연하게도 목성의 고리는 목성의 4개의 위성들과 궤도가 맞아떨어진다. 목성의 고리는 이 위성들이 소행성 등과 충돌했을 때 생긴 파편과 먼지들로 구성되어 있는 것으로 보인다.

천왕성과 해왕성의 고리는 상대적으로 연구가 부족하다. 두 행성은 관찰하기에는 지구로부터 너무 멀리 떨어져 있어, 두 행성 근처를 잠시 지났던 보이저 2호 우주 탐사정의 자료에만 의존할 수밖에 없다.

천왕성의 고리는 1977년에 처음 발견되었으며, 토성 다음으로 웅장함을 뽐낸다. 이 고리들은 위성의 충돌로 생겨난 것으로 보이는 작은 먼지들과 암석들로 구성되어 있다.

해왕성의 고리는 태양계 내 행성 중 가장 최근에 발견된 것으로, 지난 1984년에 처음 발견되었다. 해왕성의 고리는 천왕성과는 달리 어둡고 칙칙하지만, 이 또한 해왕성의 위성과의 충돌로 인해 생겨났다고 보고 있다.

4개의 가스 혹성들이 모두 고리를 가지고 있지만, 꼭 가스 혹성에만 적용되는 것은 아니다. 2013년에 천문학자들은 10199 커리클로 소행성에서 2개의 고리를 발견했다. 이 소행성은 토성과 천왕성

사이에 존재하며, 고리 외에는 그다지 특색이 없는 소행성이다. 그러나 이 소행성의 고리는 행성이 고리를 갖는 데 꼭 거대해야 한다거나 가스로 구성될 필요가 없다는 것을 알려주었다.

태양계를 넘어서는 극히 일부 천체에서도 고리가 발견되었다. 이는 아마도 행성의 고리가 흔치 않은 현상이기 때문일 수 있으나, 주된 이유는 대부분이 지구로부터 너무 멀리 떨어져 있어서 확인이 불가능하기 때문일 것이다.

현재까지 가장 잘 관측된 행성의 고리는 J1407이라고 불리는 항성 주위를 돌고 있는 행성으로, 지구로부터 420광년이나 떨어져 있다. 이 행성은 (혹은 갈색왜성일 수도 있다) 토성보다 640배나 멀리 떨어진 거리까지 고리를 이루고 있다. 우스갯소리로 이 행성을 '스테로이드제를 맞은 토성'이라고 부르기도 한다.

수성은 가장 뜨거운 행성이다?

독자 여러분은 과학자들이 화성과 달, 소행성 등으로 우주 비행사를 보내는 미션에 대해서는 논의하지만 수성은 언급조차 하지 않는 것에 대해 궁금하게 생각해본 적이 있는가? 그 이유는 수성이 지구에서 멀기 때문이 아니다. 지구와 수성 사이의 거리는 두 행성의 공전주기로 인해 시기마다 달라지지만, 경우에 따라서는 지구에서 화성까지의 거리보다 가깝기도 하다.

사실 수성이 화성보다 탐사 대상으로서 매력이 떨어지는 이유는 여러 가지가 있다. 수성의 높은 방사능 수치, 복잡한 궤도 역학, 대기의 부재 등 여러 악조건들이 있지만, 아마도 가장 큰 이유는 수성이 매우 뜨겁기 때문일 것이다.

수성은 태양에서 가장 가까운 행성으로 굳이 비유하자면 오븐 안에 들어 있는 행성이라고 할 수 있겠다. 만약 여러분이 수성의 표면에 서 있다면, 태양이 지구의 하늘에서보다 3배나 크게 보일 것이다. 낮에 수성 표면의 온도는 430℃까지 올라가게 된다. 이는 지구에 있는 어떤 오븐 안보다도 높은 온도이다. 단지 이것만 보더라도 우주 비행사들의 버킷리스트에서 수성이 빠진 이유를 찾을 수 있을 것이다.

그러나 높은 온도만이 전부는 아니다. 수성은 매우 천천히 자전한다. 수성에서의 하루, 즉 자전주기는 지구에서의 60일과 같다. 수성 표면의 많은 영역이 몇 주 동안 태양빛을 받지 못하게 되기 때문에, 구워졌던 표면이 차갑게 식을 시간이 주어지게 된다. 수성의 어두운 부분은 최저 -180℃까지 떨어진다. 이를 고려하면 수성의 평균 온도는 약 167℃ 정도로 그렇게 나쁘지는 않다고 할 수 있다. 물론 태양빛을 받는 곳과 받지 않는 곳의 온도가 양극화되어 있긴 하겠지만 말이다.

그런데 수성은 태양에서 가장 가까운 행성이긴 하지만, 태양계 내에서 가장 뜨거운 행성은 아니다. 이 부문의 영예는 태양에서 수성 다음으로 가까운 행성인 금성에게 주어진다.

금성 역시 우주 비행사를 보내는 미션의 대상으로 거의 언급되지 않는다. 왜냐하면 금성의 대기는 매우 두꺼운 데다 산성을 띤 황산 구름으로 덮여 있기 때문이다. 또한 금성 표면의 압력은 지구보다 100배나 높다. 금성의 표면은 수많은 화산들과 용암들로 둘러싸여 있고, 게다가 번개도 끊이지 않는다. 이곳은 말 그대로 끔찍한 곳이라고 할 수 있다.

금성 표면의 온도는 보통 462℃ 정도이다. 이는 금성 표면의 '평균' 온도이며, 수성이 가장 뜨거울 때보다도 훨씬 높은 온도이다. 어떻게 이럴 수 있는 것일까?

원인은 바로 금성의 두꺼운 이산화탄소 대기에 있다. 금성의 대기는 열 담요 같은 역할을 하며, 열을 표면 주위에 묶어둔다. 이와 같은 현상은 최근 수십 년간 지구에서 일어나고 있는 온난화 현상의 극단적인 형태라고 볼 수 있으며 종종 '탈주온실효과'라고 불린다.

그러나 금성이 가진 악조건에도 불구하고, 과거에 몇몇 우주선이 금성을 방문했다.

가장 최초로 금성에 갔던 우주선은 1975년에 보내진 소련의 베네라 9호 탐사정이었다. 이 우주선의 착륙선은 최초로 금성 표면의 사진을 보내왔다. 사실, 이 사진은 처음으로 지구 밖 행성의 표면을 기록한 것이었다.

베네라 9호 탐사정은 약 53분간 생존했다. 그리고 금성 표면에서 가장 오래 생존한 기록은 약 2시간 정도이다.

아마도 미래에 재료과학에 엄청난 발전이 일어나지 않는다면, 인간이 금성을 방문하는 일은 불가능할 것이다. 그럼에도 불구하고 금성에 대한 관심은 쉽게 끝나지 않고 있다. 비록 금성의 표면 온도는 심각하지만, 높은 곳에서는 조사해볼 가능성이 있기 때문이다. 금성의 대기 온도는 위로 올라갈수록 급격하게 떨어진다.

금성의 대기 상공 50km 지점은 지구의 대기 조건과 비슷할 정도이다. 이 지점의 대기압은 1기압 정도로 지구의 해수면 정도의 기압이며, 온도는 최저 50℃ 정도에 불과하고, 중력도 지구에서와 비슷하다. 그렇다고 해서 혹여나 관측선이 금성에 불시착이라도 하게 된다면 완전히 다른 상황을 맞이하게 될 것이다.

지구는 태양계에서 바다가 있는 유일한 행성이다?

물은 지구 표면의 71%를 차지하고 있다. 지구가 '푸른 행성'이라고 불리는 이유는 이 때문이다. 그러나 지구만이 액체 상태의 물이 존재하는 유일한 행성은 아니다. 또한 지구만이 바다를 가진 유일한 행성도 아니다.

이는 매우 중요하다. 왜냐하면 우리가 알고 있는 바에 따르면 생명이 존재하는 데 물이 필요하기 때문이다. 지구의 작은 미생물부터 커다란 고래까지 모든 생명체는 물을 필요로 한다. 왜 그럴까? 이유는 작은 입자의 움직임 없이는 생명이 존재할 수 없기 때문이다.

탄수화물, 단백질, 지방질, 뉴클레오타이드, 무기화합물 등이 작용하는 데 액체 상태의 용매는 필수적이다. 이들은 얼음이나 암석 등 고체 상태의 물질 내에서는 움직이기가 어렵다. 물론 기체 상태에서는 움직임이 매우 자유롭지만, 기체의 성질상 흩어지기가 쉽다는 단점이 있다. 항성 그리고 TV 스크린에도 활용되는 제4의 물체 상태 플라즈마는 너무 뜨겁고 대전된 상태이다. 그렇기 때문에 액체만이 유일한 해답이라는 결론에 이른다.

물은 이상적인 성질을 지니고 있다. 매우 흔하며 적절한 온도에서 안정적으로 성질을 유지하기 때문에, 다양한 형태의 화학물질과 반응하여 생화학 반응을 일으킬 수 있다. 때문에 외계생명을 연구하는 이들은 물을 먼저 찾게 된다.

물은 태양계에서 매우 놀랄 만큼 흔하게 발견된다. 많은 혜성들은 얼음으로 구성되어 있으며, 이는 매우 감사할 일이다. 지구의 바다는 아마도 물을 담은 수많은 혜성들의 충돌로 천천히 생겨났을 것이다. 물은 대부분의 행성과 위성들에서 발견되었다. 심지어 우주 탐사정은 비교적 척박한 환경으로 추측되는 수성과 달에서도 얼음 상태의 물을 발견했다. 이 얼음들은 충격으로 생겨난 분화구 내에 태양빛이 들지 않는 그늘에 자리 잡고 있다.

바다가 발견된 행성도 있다. 2005년, 호이겐 탐사정은 토성의 위성인 타이탄에 착륙해 해안과 강 그리고 호수의 흔적을 발견했다. 또한 지구에서처럼 구름에서 비가 내리기도 했다. 그러나 지구와는 커다란 차이가 하나 있었다. 타이탄은 지구보다 훨씬 추운 곳이었기 때문에, 액체 상태의 물이 존재할 수 없었다. 이곳의 바다와 비 그리고 강은 모두 액체 상태의 메탄과 에탄으로 이루어져 있었다.

이 외에도 여러 가지 요인들로 인해, 타이탄에서는 생명이 존재하기는 어려웠다. 물은 생명이 존재하는 데 필요한 복잡한 생화학 반응에 훨씬 적합한 매개체이다. 사람들은 오랜 시간 동안 이와 같은 환경이 지구에만 존재할 것이라고 믿어왔다. 그러나 오늘날 우리는 이것이 사실이 아님을 알게 되었다.

외계 행성의 바다에 대한 첫 번째 힌트는 1979년 목성의 위성인 유로파에서 발견되었다. 보이저 2호 탐사정은 얼음으로 덮인 표면을 발견하였으며, 표면에 생긴 균열은 지하에서 화학 반응이 일어나고 있음을 보여주었다.

추가적인 연구를 통해 액체 상태의 바다가 유로파의 지면 아래에 존재함을 알게 되었다. 또한 유로파 지하 바다의 액체 양은 지구보다 훨씬 많을 것으로 추측된다.

매우 놀라운 사실이지 않은가? 지구는 바다를 가진 유일한 행성이 아니며, 심지어 태양계의 행성 중에 가장 액체가 많은 행성도 아니라는 것이다.

물론 외계 행성의 바다에 생명이 살고 있는지 여부는 확인이 필요하다. 그러나 이 또한 아마도 머지않아 밝혀질 것이라고 생각한다. 이미 NASA 및 타 우주기관에서는 이 지역에 구멍을 뚫고 지하 바다를 탐사할 수 있는 탐사정을 개발하고 있다.

유로파는 매우 특별한 곳으로 여겨졌었다. 태양계 내에 다른 어떤 곳도 유로파와 같은 바다를 가지고 있지 않다고 생각했기 때문이다.

다시 말하지만, 오늘날 우리는 더 많은 것들에 대해 알게 되었다. 목성의 다른 위성인 칼리스토와 가니메데 또한 상당한 크기의 지하 바다가 있을 것으로 추정된다. 토성의 위성인 엔셀라두스는 지하에 바다를 가지고 있을 뿐만 아니라, 이 바닷물을 우주로 뿜어내기까지 한다. 이 같은 현상은 카시니 탐사정이 촬영한 사진에서 확인되었다. 타이탄의 경우 메탄뿐만 아니라, 상당한 양의 얼음도 포함하고 있다. 심지어 왜소 행성인 세레스와 명왕성에서도 물이 발견될 것으로 보인다. 이렇듯 물은 우리 주변에 가득하다. 잡지 〈Scientific American〉의 2016년 1월 1일자 글에 따르면 태양계 내에는 지구의 대양에 최대 50배에 달하는 물이 존재할 것으로 추정된다고 한다.

이와 같은 발견은 소위 '골디락스 존' 내에서만 생명이 존재할 수 있다는 주장에 정면으로 반박할 증거를 제공했다.

골디락스 존은 태양과 충분히 가까워 행성 표면에 (충분한 압력이 존재한다면) 물이 존재할 수 있는 우주 지역을 의미한다. 태양과 너무 가까울 경우 물은 증발해버리고, 반대로 너무 멀 경우 얼게 된다. 오늘날 우리는 물이 태양과의 거리와는 관계없이 위성 내부의 핵이나 다른 방사선 등 에너지원이 존재하기만 한다면 액체 상태로 존재할 수 있다는 것을 알고 있다. 또한 과학자들은 지구의 생명이 극심한 환경에서도 생존이 가능하며, 이는 태양의 존재 여부와는 별개의 문제라고 한다. 전체 생태계는 깊은 바다 속의 열 분출구 주변에 모여 존재할 수 있으며, 애초에 생명의 탄생 자체가 태양열보다는 지열에 의존하여 생겨날 수 있다.

만약 이와 같은 조건이 지구에서 가능했다면, 태양계 내의 다른 곳에서 안 될 이유는 무엇인가? 결과가 어찌되었던 우리는 향후 수십 년 안에 이에 대한 결론을 얻을 수 있을 것이다.

혜성의 꼬리를 보면
혜성의 진행 방향을 알 수 있다?

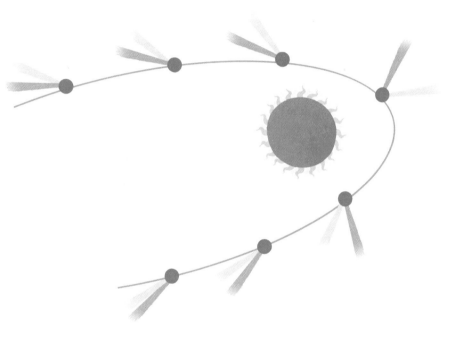

지구인이 일반적으로 생각할 때, 꼬리는 항상 뒤편에 붙어 있다.
하나의 예로 강아지를 보면, 꼬리는 머리와 정반대 방향에 달려 있
다. 비행운과 로켓의 불꽃 등만 보더라도 진행 방향과 반대 방향으
로 나타난다. 그렇기 때문에 여러분은 혜성 또한 이와 마찬 가지겠

거니 하고 생각할 수 있다. 그러나 사실은 그렇지 않다.

사실, 일반적인 상황에서 혜성에는 꼬리가 없다. 혜성은 대부분의 시간을 태양계 밖에서 얼음 상태로 보낸다. 그러다가 태양계 내부로 진입하여 태양에 가까이 갈 경우 꼬리가 생기게 되는 것이다. 혜성이 태양에 다가가게 되면, 태양빛으로 인해 먼지와 가스 등을 분출하게 된다. 태양풍(태양에서 오는 대전된 입자)과 태양복사의 조합은 혜성의 코마를 밀어내어 먼지와 가스로 된 혜성의 꼬리를 만들어낸다. 사실 혜성의 꼬리를 주의 깊게 보면, 하나는 먼지와 다른 하나는 가스로 된 두 개의 꼬리를 발견할 수 있다.

혜성의 두 꼬리는 비슷한 방향을 가리킨다. 그러나 혜성의 꼬리는 비행운과는 좀 다르다. 이 꼬리들은 반드시 혜성의 '뒤쪽', 즉 진행 방향과 반대 방향으로만 나타나는 것이 아니다. 혜성의 꼬리는 태양풍과 태양의 방사선으로 인해 태양의 외측 방향으로 늘어진다. 가스로 된 꼬리는 태양에서 반대 방향으로 늘어지며, 먼지로 된 꼬리는 약간 휘어지는 경향이 있다. 그렇기 때문에 혜성이 태양을 돌아서 다시 태양계 밖으로 이동하게 될 경우, 혜성의 꼬리 역시 반대 방향으로 돌아가게 된다. 이 경우 혜성의 꼬리는 앞쪽 진행 방향과 거의 붙어서 나타나게 된다. 그러다가 태양빛의 강도가 줄어들면서, 혜성의 코마와 꼬리는 점점 줄어들게 되고 결국에는 사라지게 된다.

태양계는 명왕성에서 끝난다?

영국의 도시 요크는 중세 시대의 성벽과 안락한 숙박시설 등의 관광지로 유명하긴 하지만, 천문학적으로도 유명한 지역이다.

요크의 남쪽에 한 대형 마켓의 주차장 근처에는 작은 헛간 크기 정도 되는 태양 모형이 있다. 이 태양 모형에서 길을 따라 100m 정도 걸어가면, 태양과 가장 가까운 행성인 수성 모형이 있다. 수성 모형의 크기는 지름이 1cm 정도로 매우 작으며, 태양의 크기와 비례해서 만들어졌다. 다시 길을 따라 걸어가면 나머지 행성들의 모형 또한 찾을 수 있다. 지구의 모형은 태양 모형에서 약 250m 떨어진 지점에 있으며, 강낭콩 정도의 크기에 불과하다. 목성의 모형은 태양 모형으로부터 1.35km 바깥 지점에 있다. 목성은 가장 큰 행성으로 농구공 정도의 크기로 제작되었다. 명왕성은 1999년에 모형이 제작되었을 때는 행성이었다. 명왕성 모형은 태양 모형으로부터 10km 밖에 제작되었으며, 크기는 밀리미터 정도 수준이다. 여기서 태양계 모형은 끝이 난다.

이와 같은 태양계의 모형은 전 세계 각지에 존재한다. 이 모형들은 행성 간의 거리와 크기 등에 대해 이해할 수 있게 해준다.

요크에서 본 모형의 경우, 태양부터 수성까지의 거리는 도보로 1분도 채 되지 않는다. 그러나 명왕성까지 이동하려면, 빠른 걸음으로 1시간 정도나 걸린다.[19] 이런 모형들은 매우 참신하며, 경험해볼 가치가 있다. 그렇지만 실제 태양계는 명왕성보다 훨씬 바깥 범주까지 포함하고 있음을 혼동하지 않기 바란다.

행성의 지위를 잃은 명왕성은 카이퍼 벨트의 수많은 천체 중 하나이다. 이 지역은 해왕성 너머로 얼음과 돌덩이 등으로 구성되며, 거대한 도넛 형태를 띠고 있다. 이 지역은 꽤나 먼 곳까지 이어진다. 카이퍼 벨트대가 시작하는 지점인 해왕성은 태양으로부터 30AU나 떨어져 있다(1AU는 지구로부터 태양까지의 거리를 의미한다). 카이퍼 벨트의 끝은 약 50AU 정도로 추정된다. 만약 우리가 태양계에 카이퍼 벨트를 포함하게 되면, 태양계의 2/5가 행성들 외의 지역으로 구성되는 것이다. 명왕성은 특이한 궤도를 가지고 있어서 카이퍼 벨트

---

19) 같은 척도로 보았을 때, 태양계에서 가장 가까운 항성까지의 거리는 여러분이 지구를 두 바퀴 도는 정도이다.

대를 넘나든다. 이 수수께끼 같은 세계는 공전주기의 일부가 해왕성의 궤도와 겹치기도 해서, 명왕성이 행성의 지위를 가지고 있을 때조차 항상 태양에서 가장 멀리 떨어진 행성이 아닐 때도 있었다.

카이퍼 벨트는 태양계의 초창기 때부터 일종의 '예비' 물질들을 포함하고 있다. 다시 말해, 이 지역은 행성으로 성장하지 못한 얼음과 암석 조각들로 구성되어 있다는 의미이다.

앞서 나는 이 지역을 도넛 모양에 비유했으나, 위와 같은 배경을 고려해서 좀 더 정확하게 비유해 보면, 카이퍼 벨트는 태양계의 행성들이라는 파이를 만들고 남은 자투리 부분과 같다고 할 수 있다.

카이퍼 벨트는 상대적으로 최근에 발견되었다. 1992년까지 명왕성과 명왕성의 위성인 카론은 이 지역에 속한 유일한 천체로 알려졌었다. 그러나 이후 천문학자들은 카이퍼 벨트 내에서 1,000개 이상의 천체를 발견했다. 이 중 일부는 명왕성의 반 이상이나 될 정도로 규모가 크다. 이 지역에는 수십만 개의 천체가 존재할 것으로 보이며, 이 천체들을 분류하는 데는 앞으로도 수십 년이 더 필요할 것으로 보인다.

그러나 카이퍼 벨트가 태양계의 끝단은 아니다. 소위 산란 분포대라고 불리는 천체들의 집단은 태양으로부터 150AU나 떨어져 있다.

여기서 짚고 넘어갈 점은 카이퍼 벨트의 끝이 50AU 정도이니, 이를 모두 고려할 경우 태양계의 크기가 3배가 되는 셈이다. 바로 이 산란 분포대에서 문제가 되는 에리스를 발견할 수 있다.

2005년 에리스의 발견은 논란의 여지가 있는 의문점을 불러 일으켰다. 이 신비한 세계는 명왕성 정도의 크기이지만, 명왕성보다 질량이 25%나 더 나갔다. 만약 명왕성이 행성이라면, 에리스 또한 행성으로 분류되어야 하는 것이 아닐까? 그리고 만약 오랜 기간 동안 에리스와 같은 천체가 천문학자들의 눈에 띄지 않았다면, 이와 같은 천체들이 더 많을지 누가 알겠는가? 그렇게 되면 결국 태양계에는 수백 개의 행성들이 있는 셈이 되는 것이다.

이와 같은 논란으로 인해 천문학계에서는 '왜소 행성'이라는 새로운 개념을 부여했다. 왜소 행성은 구체를 띨 정도로 크지만, 공전 궤도 내에 다른 천체들이 존재할 수 없을 정도는 아닌 천체를 의미한다. 그로 인해 명왕성과 소행성 세레스 등은 왜소 행성으로 구분되게 되었다.

오늘날 에리스는 태양계 내에서 (태양을 제외하고) 9번째로 무거운 천체로 구분되고 있으며, 아직까지 태양계 내에서 탐사정의 발길이 닿지 않은 천체 중 가장 큰 천체이기도 하다. 에리스는 태양부터 명왕성까지의 거리의 3배는 되기 때문에, 아마도 한동안 이곳에 탐사정이 방문하기는 어려울 것으로 보인다.

태양계의 정의가 비단 얼음과 돌로 된 천체들로 정해지는 것은 아니다. 한 예로 태양에서 불어오는 태양풍은 태양계 밖의 유사한 힘과 균형을 유지한다. 이와 같은 경계는 '말단 충격$^{\text{termination shock}}$'이라고 불리며, 이 지점에서 태양풍의 영향력이 서서히 사라지게 된다. 말단 충격 지점에는 헬리오포즈, 즉 태양풍에 더 이상 에너지가 존재하지 않는 지점이 나타나게 된다.

과학자들은 1977년 발사된 보이저 1호 우주선이 이미 헬리오포즈를 지나 성간 공간에 진입했을 것으로 보고 있다. 이 지점은 약 121AU 정도 거리이다. 그리고 이는 어떤 의미에서 보면 태양계의 끝이라고 할 수 있다.

여태까지 우리는 카이퍼 벨트와 산란 분포대를 지나 태양빛이 궤

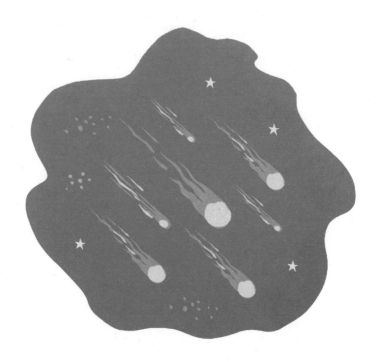

적을 바꾸는 지점을 넘어서까지 살펴보았다. 우리는 이보다 더 멀리 나아갈 수 있을까?

물론 가능하다. 이 지점의 천체는 태양과 지구까지의 거리에 150배 정도밖에 되지 않는다. 이제는 오르트 구름을 만나볼 때이다. 오르트 구름은 1,000배나 더 멀리 떨어져 있다. 이곳은 태양풍의 영향은 받지 않으나, 여전히 태양의 중력이라는 영향력 아래 놓인 곳이다.

아직까지 그 누구도 오르트 구름 내에서 천체를 발견하지 못했다. 이곳은 멀고도 멀어 태양빛의 반사가 너무도 약하기 때문에 현재 기술의 망원경으로는 관측이 불가능하다. 그럼에도 불구하고 약 50,000AU에서 200,000AU 정도 떨어진 이 지역에 얼음으로 된 미행성들이 존재할 것이라는 가설이 힘을 얻고 있다. 관측 결과 일부 혜성들이 이 지역에서부터 시작된 것으로 보이기 때문이다. 만약 위의 거리가 실제로 맞는다면, 오르트 구름은 가장 가까운 항성인 알파 센타우리까지 이어져 있을 것으로 보인다.[20]

오르트 구름 내에 천체에 미치는 태양의 중력의 힘은 매우 약하기 때문에, 이 천체들은 쉽게 궤도에서 벗어날 수 있다. 그렇기 때문에 때때로 구름 내의 혜성이 태양계 안쪽으로 진입하기도 하는 것이다.

만약 여러분이 태양계의 끝이 해왕성이나 명왕성이라고 생각했다면, 여러분은 실제로 태양계의 1/1000 정도 범위까지밖에 보지 못한 셈이다. 이는 마치 축구 경기장을 반 정도 돌아놓고 마라톤을 했다고 말하는 셈이다. 아마도 이제는 태양계 모형들을 업데이트해야 할 때가 오지 않았나 싶다.

물론 모든 태양계 모형들이 해왕성이나 명왕성에서 끝나는 것이

---

20) 사실 이것은 엄밀하게 말하자면 정확하지 않다. 알파 센타우리는 태양을 제외하고, 종종 지구에서 가장 가까운 별로 설명된다. 그러나 맨눈으로 보면 하나의 별처럼 보이지만, 사실 이것은 3개의 별로 되어 있다. 알파 센타우리 A와 B 그리고 어두운 동반성인 프록시마 센타우리까지 3개의 별이다. 프록시마 센타우리는 알파 센타우리 A와 B보다는 지구와 가깝다.

아니다. 특히 스웨덴에 있는 태양계 모형은 거의 스웨덴 전역을 차지할 정도이다.

스톡홀름의 에릭슨 글로브 전망대는 태양을 상징한다. 이 전망대는 지구에서 가장 큰 반구형의 건물로, 태양을 나타내기에는 꽤나 적합하다고 할 수 있다. 지구형 행성들은 이 건물로부터 12km 반경 내에 존재하지만, 명왕성과 명왕성의 가장 큰 위성인 카론까지는 약 300km 정도 북쪽으로 이동해야 한다.

대부분의 모형들은 여기서 끝나지만, 스웨덴의 태양계는 훨씬 모험적이었다. 계속해서 북쪽으로 이동하면 해왕성 너머의 천체들인 세드나와 에리스 등이 있다. 또 스톡홀름의 태양에서 약 900km 정도를 이동하면 말단 충격지점까지 확인할 수 있다. 이곳은 북극권에 위치하는 데, 어떻게 보면 적합하다고 할 수도 있다.

태양은 태양계의 중심에 있다?

　일반적으로 행성은 항성 주위를 공전하고, 위성은 행성 주위를 공전하는 것으로 알려져 있다. 이 의미인 즉, 태양은 태양계의 중심에 있으며, 나머지들은 태양에 종속되어 있다고 할 수 있다(물론 태양조차도 우리 은하의 중심을 기준으로 공전하고 있다).

　대부분의 경우, 이는 올바른 접근 방식이다. 아마도 나는 이와 같은 내용을 이 책에서 여러 번 언급했을 것이다. 그런데 이 책의 의도대로 '트집잡기'를 해보자면, 위 문장은 엄연히 말해 정확한 것이 아니다. 물론 이는 작은 오차이긴 하지만, 다른 항성계의 비밀을 밝혀내기 위해선 정확하게 알아볼 필요가 있다.

　우선 이 모든 것은 질량의 중심과 관련이 있다. 만약 여러분이 이 책을 손끝에 올려두고 균형을 맞춘다고 생각하면, 아마 정확히 중앙에 균형점이 존재할 것이다. 이곳이 바로 책의 무게중심이다. 만약 여러분이 전자책으로 책을 읽고 있다면, 아마도 여러분의 무게중심은 중앙에서 살짝 벗어날 것이다. 이는 배터리, 케이스 그리고 다른 장치들의 무게들이 균등하게 분배되어 있지 않기 때문일 것이다. 만약 어떤 알 수 없는 이유에서, 여러분이 농사용 삽에 쓰인 이 글을 읽고 있다면, 삽의 머리가 무거운 것을 고려할 때, 무게중심은 더욱이 중앙에서 벗어날 것이다. 이는 모든 사람들이 학교에서 배우는 '지렛대의 원리'와 같다. 무게중심은 질량이 가장 집중되는 곳과 가까운 곳에 놓이게 된다.

이제 이와 같은 이론을 우주에 적용해보자. 행성, 항성 그리고 위성들은 자신들 고유의 무게중심을 갖는다. 만약 해당 천체가 구체를 띠며, 내부적으로 완전히 대칭을 이룬다면, 무게중심점은 당연히 정중앙에 놓일 것이다. 아마도 신이 한 손가락 끝에 두 개의 천체를 놓고 시소인 마냥 균형을 맞추는 모습을 상상한다면 이해가 빠를 것이다. 앞서 살펴본 삽의 경우와 마찬가지로, 천체 역시 대부분의 질량이 항성으로 쏠려 있기 때문에, 무게중심 또한 항성 주변으로 쏠리게 된다. 그러나 이 무게중심은 별의 한 가운데 있는 것이 아니다. 행성의 질량으로 인해 이 무게중심은 항성의 바깥에 놓이게 된다. 이 지점을 중력중심점^{barycentre}이라고 부르며, 바로 이 지점을 중심으로 행성은 공전하는 것이다.

대부분의 항성은 주변의 행성과 비교도 되지 않을 만큼 무겁다.

예를 들어 태양은 지구보다 333,000배나 무겁다. 이들의 중력중심점은 태양 내에 존재한다. 그렇기 때문에 지구가 중력중심점이 아니라 태양 중심을 기준으로 돌고 있는 것처럼 보이는 것이다. 목성의 경우 지구보다 멀리 떨어져 있는데다가 질량도 무겁다. 그렇기 때문에 목성과 태양의 중력중심점은 태양 바깥으로 나와 있다.

만약 우리가 이 두 천체만 놓고 볼 수 있다면, 아마 태양이 중력중심점을 기준으로 아주 작게 돌고 있음을 알 수 있을 것이다.

우리의 태양계 또한 고유의 중력중심점을 가지고 있다. 이 지점은 만약 다차원의 가상의 시소를 만든다면, 태양부터 소행성까지 모든 천체의 질량이 균형을 이루는 지점이라고 할 수 있다. 태양계의 모든 천체들은 언제나 이동하기 때문에, 중력중심점 또한 시기에 따라 태양 내부 혹은 외부로 이동하게 된다. 다른 말로 하자면, 태양의 정 가운데 중력중심점이 위치하는 경우는 거의 없거나 혹은 아예 존재하지 않을 수도 있다.

만약 먼 곳에서 태양계를 바라보는 사람들이 있다면 어떨지 생각해보자. 태양은 중력중심점이 이동함에 따라 약간씩 흔들리게 될 것이다. 우리가 다른 항성을 관측할 때 이와 같은 흔들림을 발견할 수 있다.

사실 이 방법은 천문학자들이 태양계 너머의 행성을 찾을 때 사용하는 수단이다. 흔들리는 현상이 크면 항성 주위에 또 다른 질량 중심점이 존재한다는 의미이다.

또한 항성의 흔들리는 패턴은 태양계 내에 얼마나 많은 행성이 있는지, 또 이 행성들의 질량은 얼마나 되는지 등을 파악할 수 있게 해준다.

그렇기 때문에 행성은 엄밀히 말해 항성 주위를 도는 것이 아니라 두 천체 사이의 공통된 중력중심점 주위를 도는 것이다. 태양은 태양계의 중심에 존재하는 것이 아니며, 질량의 중심이 되는 중력중심점을 기준으로 움직인다. 이것은 물론 작은 효과이긴 하지만, 다른 항성에서도 발견되는 사항이다. '지구는 태양 주위를 공전한다'라는 문구만큼 트집잡기의 좋은 예도 드물다.

태양은 커다란 불덩이다?

런던의 그린위치에 있는 왕립관측소는 지구에서 우주에 대해 배울 수 있는 최적의 장소 중 하나이다. 이곳은 시간과 공간의 고향이라 불리며, 영도 자오선이 정해지는 곳이기도 하다. 이곳의 직원들 또한 매우 친절하며 늘 열정적으로 우주의 신비에 대해 설명해주곤 한다. 나는 이들에게 일반인들에게 자주 듣는 오해에 대해 공유해달라고 요청했다.

이들이 전해준 리스트의 첫 번째는 바로 태양이 거대한 불덩이라는 것이었다. 이들은 이런 이야기를 매일 듣는다고 한다.

아마도 독자 여러분은 이러한 오해가 어떻게 생겼는지 이해할 수 있을 것이다. 태양은 매우 밝고 불처럼 뜨겁다. 특히 노란색과 오렌지색의 빛깔은 이와 같은 오해를 키울 수 있다.[21] 우리는 태양으로 인해 '일광화상'을 입기도 하고, 때로는 태양이 맹렬히 '이글거린다'라는 표현도 쓰곤 한다. 뿐만 아니라 우리의 문화와 역사 속에서도 불타는 태양이라는 표현은 자주 쓰이곤 한다. 예를 들어, 햄릿에는 다음과 같은 문구가 있다.

> 하늘의 별이 불덩이가 아닐까 의심해도 좋소
> 하늘의 태양이 정말 움직이는 것인지 의심해도 좋소
> 진실이 혹시 거짓이 아닐까 의심해도 좋소
> 하지만 내가 당신을 사랑하는 것은 의심하지 마시오

'태양이 움직인다'라는 표현(이에 대해서는 이 책의 다른 장에서 다루도록 하겠다. P169을 참조하기 바란다)은 차치하고서라도, 우리는 별이 불덩이라는 표현에 대해서만큼은 의심해볼 필요가 있다.

불이란 화학적으로 볼 때, 산소와 엄청난 양의 열과 빛이 섞여져 신속하게 일어나는 반응이다. 두 번째 문장은 어떠한 관점에서는 맞는 말일 수도 있지만, 첫 번째는 확실하게 아니다. 태양에서 일어나

---

21) 석양이 아름다운 오렌지색을 띠는 것은 착시 현상이다. 우리가 인식하는 태양빛의 색은 대기에서 빛의 산란 현상으로 인한 것이다. 우주에서 본 태양은 전혀 로맨틱하지 않는 하얀색 구체이다.

는 일은 연소 반응과는 전혀 거리가 멀다. 만약 태양이 불덩이라면 연기는 도대체 어디로 간단 말인가?

태양은 핵융합으로 인해 에너지를 얻는다. 수소 이온(양자)은 핵 주변에서 융합과정을 거쳐 헬륨으로 바뀐다. 이렇게 이야기하면 작은 원자들의 힘이 그다지 강력하게 느껴지지 않을지도 모른다. 그러나 이 핵융합의 규모는 어마어마하다. 태양은 매 초마다 7억톤에 달하는 수소를 헬륨으로 바꿔낸다. 이를 끔찍하게 비교 표현하자면, 매 초마다 한 사람의 질량이 사라지는 것이다. 이 과정에서 양자의 형태로 엄청난 양의 에너지가 방출된다. 이 에너지는 결국(P 177 참조) 지구까지는 전달되어 대기의 온도를 높이고, 식물에 광합성을 촉진하며, 여러분의 눈을 부시게도 한다.

태양은 펄펄 끓는 거대한 플라즈마 덩어리이다. 이곳은 매우 뜨겁고 대전된 가스로 가득하다. 플라즈마는 때로는 '물질의 제4의 상태'라고 표현되는데, 여러분이 생각하는 것보다 이질적인 개념은 아니다. 사실, 플라즈마는 우주에서 가장 흔한 물질의 형태라고도 볼 수 있다.

모든 항성은 플라즈마로 구성되어 있으며, 성간 물질들 또한 플라즈마 형태를 띠는 경우가 많다. 플라즈마는 벼락이 내려칠 때 보이는 하얀색 빛이기도 하다. 또한 플라즈마 TV와 형광등을 밝히기도 한다. 이것이 바로 항성을 구성하는 물질이다.

태양이 불덩어리라는 생각은 마치 뉴욕 타임스퀘어의 모든 전

광판을 촛불로 밝히겠다는 생각과 같이 터무니없다. 이는 단순히 비유일 뿐이고 실제로는 이것보다도 훨씬 더 큰 규모의 차이가 존재한다.

태양빛이 지구까지 도달하는 데 8분이 걸린다?

빛의 속도는 굉장히 빠르다. 얼마나 빠른지 적절하게 비유할 수 있는 대상조차 없다. 그러나 물론 순간이동을 하는 것은 아니다. 만약 달 표면에서 레이저 빛을 지구로 쏜다면 약 1/4초 후에 지구에 도달할 것이다. 태양은 이보다 훨씬 더 멀다.

태양에서 지구까지 빛이 이동하는 데 약 8분 20초 정도가 소요된다. 거리로 환산하면 약 1억 5천만km 정도 떨어져 있다. 따라서 만약 태양이 7분 전에 소멸했다면, 지구에서 이를 즉각적으로 알아차릴 수 없다. 지구에서 본 태양은 아마도 소멸하기 전 모습 그대로일 것이며, 약 1분 정도나 지난 후에야 이에 대한 충격이 지구에 전해지게 될 것이다.

내가 '8분 정도가 걸린다'고 표현하는 부분은 빛이 태양의 표면에서 지구의 표면까지 걸리는 데 소요되는 시간을 의미한다. 우리에게 도달하는 빛의 대부분은 보다 깊은 별의 내부에서부터 생성된다.

오늘날 우리가 보고 있는 태양빛은 인류가 시작되기도 전부터 그 긴 여정을 시작했다.

대부분의 태양빛은 태양의 내부 핵 깊숙한 곳에서 생성된다. 이곳에서 수소 원자들은 핵융합 과정을 거쳐서 헬륨으로 바뀐다. 이와 같은 과정에서 엄청나게 많은 수의 광자가 부산물로 생성된다 (우리는 결국 이것을 가시광선으로 인식한다). 독자 여러분은 아마도 이 광자들이 방출되면 빛의 속도로 이동하여 약 2초도 지나지 않아 태양 밖으로 나가게 될 것이라고 생각할지도 모른다. 그러나 사실은 그렇지 않다. 이 빛은 그렇게 빨리 태양을 벗어나지 못한다. 핵융합에서 생성된 광자들은 극도로 집약된 물질들에 둘러싸여 태양 내부

에 갇힌다.

이는 마치 축구 경기장 관중석 한가운데에 갇힌 것이라 볼 수 있다. 축구 경기장 한 가운데서 수많은 인파를 헤치고 경기장 밖으로 나가는 데까지는 많은 시간이 소요된다. 그러나 여러분이 한 번 경기장 밖으로 나가게 되면 차를 타고 보다 빠르게 이동이 가능해진다.

이와 마찬가지로 광자들은 플라즈마 수프 속을 헤매다가 태양의 바깥쪽에 도달하게 된다. 광자가 이곳에 도달하는 데까지는 백만 년이 소요될 수 있다. 물론 광자가 이곳에 도달한 이후에는 빠르게 이동이 가능해진다.

결과적으로 광자가 태양의 반경 700,000km를 벗어나는 데 약 백만 년이 소요된다. 그러나 광자가 태양을 벗어난 이후부터는 지구까지 도달하는 데 걸리는 시간이 태양의 반경보다 200배나 더 먼 거리임데도 8분 정도밖에 걸리지 않는다.

태양계 내 모든 천체의
이름은 신화에서 유래되었다?

우리 태양계에는 하나의 별이 존재한다. 그러나 우스갯소리로 말하자면 태양계 내에는 별들이 정말 많다. 왜냐하면 대부분의 소행성들과 왜소 행성들은 대중들에게 친숙한 유명인들의 이름을 따서 짓는 경우가 많기 때문이다.

우리의 이웃 천체들은 그리스 신화나 혹은 셰익스피어의 소설에 나오는 등장인물인 경우가 많다. 그리고 왜소 행성들의 숫자가 워낙 많다 보니 허용되는 이름의 범위가 넓어질 수밖에 없었다.

현재 태양계 내 천체의 공식 리스트를 살펴보면 현대의 유명인들의 이름이 수백 개나 포함되어 있다. 이들은 과학자, 왕족, 정치인, 교육자, 혹은 연예인 등이다.

이 리스트에서 여러분은 78453 블록을 발견할 수 있다. 할리

우드의 유명한 배우인 산드라 블록의 이름을 따서 지은 천체명이다. 이외에도 12818 톰행크스와 8353 맥라이언도 소행성 벨트 내에 존재한다. 또한 영국의 유명한 코미디 팀인 몬티 파이튼의 6명의 이름도 소행성에 붙여졌다. 물론 비틀즈와 오노 요코의 이름을 딴 천체도 있다. 아마도 4738 지미헨드릭스 주위에 그의 노래 제목 〈purple haze〉처럼 보라색 실안개가 낀 천체가 있는지 궁금한 이들도 있을지 모른다. 어쩌면 14024 프로콜 하럼의 노래 제목 〈A whiter shade of pale〉처럼 창백한 그림자가 드리운 천체가 있는지 찾는 이가 있을지도 모르겠다.

확실히 91287 사이먼앤가펑클은 그들의 노래 제목 〈the sound of silence〉처럼 조용히 궤도를 돌고 있다. 그렇다면 12473 프레디머큐리는 퀸의 노래 〈I want to break free〉처럼 궤도를 벗어나고 싶어 할까? 그리고 342843 데이빗보위는 자신의 노래 제목 〈space oddity〉처럼 우주의 특이점인 것일까?

여러분이 온라인상에서 찾을 수 있는 자료들의 내용과는 상반될지 모르겠으나, 아쉽게도 여러분이 천체의 이름을 살 수는 없다. 대부분의 경우, 소행성을 발견한 사람 혹은 팀에게 이름을 붙일 권한이 부여된다.

천체의 작명 규칙은 엄격하다. 예를 들어 여러분이 천체의 이름을 'Donaldtrumpsucks' 혹은 'Pepsicolaworld' 등으로 짓는 것은 불가능하다. 그러나 274301 위키피디아는 심의를 통과했다. 천체의 이름은 16개의 알파벳 이내여야 하고, 공격적 혹은 상업적이지 않아야 하며, 독창적이고 발음이 쉬워야 한다.

추가로 군인 혹은 정치인의 이름은, 해당 인물이 세상을 떠난 지 한 세기 이상이 지나지 않은 경우에는 사용할 수 없다. 또한 장난 등을 방지하기 위해 전문적인 천문학자들로 구성된 제안된 천체명은 '소천체 명명위원회Committee for Small Body Nomenclature'에서 비준되어야 한다.

이 외에도 특이한 이름으로는 230975 로저페더러, 9341 그레이스켈리, 33179 아르센웽어 등이 있다. 그러나 살아 있는 인물의 이름으로 천체명을 정할 경우 위험소지가 없는 것은 아니다. 현재 소행성 중에는 유명 높은 이름에서 악명 높은 이름으로 변질된 경우도 있다.

예를 들어 소행성 12373 랜스암스트롱은 2001년에 붙여졌다. 그러나 10년이 지난 후 이 유명한 싸이클링 선수의 이름은 장기간 약물 복용으로 인해 오명을 쓰게 되었다. 그 결과 그의 투르 드 프랑스 Tour de France 7회 우승 기록은 박탈되었으나, 그의 천체명은 여전히 살아 있다.

18132 스펙터는 유명한 작곡가 필 스펙터의 이름을 따서 붙여졌다. 그는 ⟨You've Lost That Lovin' Feelin⟩, ⟨Da Doo Ron Ron⟩ 등으로 이름을 알렸지만, 2009년 살인으로 인해 유죄 판결을 받았다. 그러나 그의 이름은 여전히 천체명으로 쓰이고 있다.

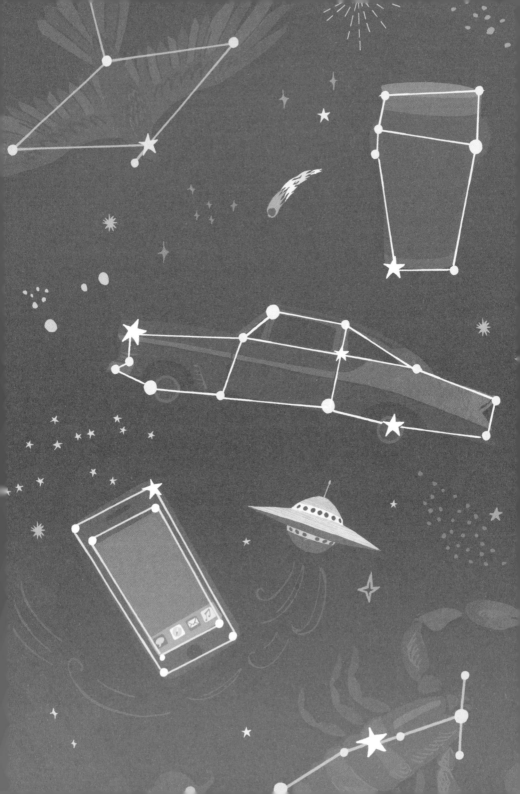

우주를 건너서

고대의 별자리부터 새로운 세계의 발견까지

북극성은 하늘에서 가장 밝은 별이다?

북극 하늘 위에 거의 수직으로 보이는 별이 존재한다. 이 별은 흔히 북극성이라고 불린다. 지구의 회전축 선상에 위치한 이 별은 여러모로 편리한 지표가 되어준다. 만약 여러분이 밤하늘에서 북극성을 찾을 수 있다면, 즉각적으로 북쪽 방향을 알 수 있기 때문이다. 북극성은 네비게이션의 주춧돌이며, 오늘날에도 GPS 신호가 잡히지 않을 경우 유용한 지표로 활용할 수 있다.

항간에 도는 소문 중에는 북극성이 밤하늘에서 가장 밝은 별이라는 이야기가 있다. 나는 이와 같은 소문이 어디서부터 유래했는지 정확하게는 파악하지 못했다. 그러나 아마도 북극성의 지리적 위치와 네비게이션으로서의 역할로 인해 이와 같은 이야기가 생겨났을 것이라고 본다.

북극성은 물론 적절히 밝게 빛나긴 하지만, 눈부시게 빛나는 별이라고 보기는 어렵다. 북극성의 밝기는 지구에서 보이는 모든 별들만 놓고 보았을 때, 겨우 상위 50위권 내에 이름을 올릴 정도이다.

북극성은 하나의 별이 아니라 세 개의 별로 되어 있다. 물론 맨 눈으로 이를 구분할 수는 없다.

북극성의 위치 또한 일시적일 뿐이다.

지난 수천 년 동안 지구의 회전축은 조금씩 움직였다. 이를 지구의 세차운동이라고 부른다. 이 의미인즉 북극의 위치가 시간이 지남에 따라 변화한다는 것이다. 예를 들어 기원전 4천 년 전에서 2천 년 전 사이에는, 투반이라는 삼등성이 지구의 자전축 선상 부근에 있었다.

앞으로 몇 세기 후에는 북극성은 더 이상 지구의 자전축선 상에 놓이지 않게 될 것이다. 아마도 이렇게 되면 북극성의 이름을 바꾸거나, 아니면 적절하지 못한 별의 이름을 조롱하게 될 것이다.

셰익스피어와 율리우스 시저는 자신들을 '북극성과 같이 불변하는' 존재라고 표현한 적이 있다. 오늘날 우리는 시저가 살던 시대에 북극에는 별이 없었음을 알게 되었다.

별자리의 이름은
전부 고대에 붙여진 것이다?

하늘은 신화들로 가득하다. 북반구의 별 관측자들은 오리온의 벨트와 카시오페아의 'W' 모양을 찾는데 혈안이 되곤 했다. 또한 헤라큘레스 자리와 안드로메다도 관측자들의 시선을 사로잡았다. 이외에도 황도 12궁[22], 사자자리, 게자리, 궁수자리, 물병자리 등등 다양한 별자리들이 있다.

만약 여러분이 어디를 봐야 할지 알고만 있다면, 설령 실제로 존재하지 않더라도 인간의 두뇌는 놀라울 정도로 패턴을 재구성할 수

---

22) 실제로는 태양의 경로에는 13개의 성좌가 존재한다. 처음 황도 12궁을 고안했던 고대 바빌로니아 사람들은 뱀주인자리를 제외하고 12개 성좌를 기준으로 12월의 달력을 만들었다. 이는 안타까운 일이다. 어쩌면 뱀을 잡는 사람의 모습은 오늘날 점성술을 보다 다채롭게 만들어주었을지도 모른다.

있는 능력을 가지고 있다. 별자리도 이와 같은 능력의 범주 내에 속한다.

역사에 기록되기 이전부터, 우리 조상들은 하늘에 별을 보면서 사자와 사냥꾼, 새, 들소 그리고 은하수 등을 떠올렸을 것이다. 이 별자리들이 전세계 인류의 문화와 전통을 형성하는 데 얼마나 중요한 역할을 했는지에 대해서는 말을 해도 끝이 없을 정도이다.

별들의 패턴은 만들어진 이후 변동이 적었다. 그렇기 때문에 성좌들이 오래 전에 정해졌으며 이후 그대로 유지되고 있다고 가정하는 편이 쉬울 것이다.

그러나 사실은 그렇지 않다. 하늘에 88개의 별자리 중에서 적어도 반 정도는 셰익스피어 시대 이후에 정해진 것들이다.

그런데 잠시 되짚어 보도록 하자. 성좌라는 것이 도대체 정확히 무엇을 의미하는가? 전통적으로 성좌는 특정 물체나 사람을 연상시키는 빛나는 별들의 그룹을 의미했다. 지그재그로 늘어진 별들은 뱀과 같은 모양을 연상시키며, V 형태의 경우 황소의 머리를 연상시키기도 한다. 우리는 구름의 모양을 보고 이름을 짓는 것처럼 별들의 형태를 보고 성좌의 이름을 지을 수 있다. 그러나 성좌로 인정되려면 일종의 동의가 필요하다.

오늘날 우리가 알고 있는 많은 별자리들은 수천 년 전부터 이어져 온 것이다. 고전기에 천문학자들은 별자리들을 동원하여 천국을 묘사하고자 했다. 크니도스[390~337BCE]와 히파르코스[190~120BCE]는 별들의 이름과 위치를 기록해두었다. 하지만 안타깝게도 이들의 업적은 대부분 소실되어서 거의 전해지지 않는다. 이후 프톨레미[100~168년]의 기록은 다행히도 살아남아 초기의 성좌를 구성하는 데 지침 역할을 했다.

프톨레미의 알마게스트[150년]는 별들과 행성의 움직임을 담은 저서이다. 비록 이 저서의 핵심적인 이론은 틀렸지만, 내용은 놀랄 만큼 영향력이 있었다.

프톨레미는 지구를 우주의 중심이라 생각하는 천동설을 주장했다. 천동설은 달과 태양, 심지어 행성과 다른 별들마저 지구를 중심으로 돌고 있다는 주장이다.

천동설은 약 1,000년 동안 정설로 받아들여졌다. 당시 프톨레미는 주류로 받아들여지는 의견을 기반으로 모델을 정립했을 뿐이었으나, 이와 같은 업적으로 인해 천동설은 프톨레미의 천동설이라고 불리기도 한다.

그러나 현 시점에서 보다 중요한 것은 바로 알마게스트에는 1,022개의 별들에 대한 카탈로그와 분류 체계가 포함되어 있다는 사실이다. 바로 이 분류 체계를 오늘날 성좌라고 부르고 있다. 이 카탈로그는 황도 12궁과 오리온, 큰곰자리, 카시오페아 등 독자들에게 친숙한 별자리와 전체 48개의 별자리를 담고 있으며, 이 별자리들의 대부분은 오늘날의 카탈로그에도 포함되어 있다. 프톨레미는 별자리를 처음 언급한 인물은 아니었으나, 그의 업적은 오늘날까지 살아남아 영향력을 미치고 있기 때문에 결국 오늘날까지 기억되는 인물로 남아 있다.

프톨레미는 꽤나 꼼꼼했던 성격으로 당시의 지식들을 자세하게 기록해 두었다. 그럼에도 불구하고 알마게스트에는 지구의 반이나 되는 영역이 빠져 있다. 프톨레미와 그의 동료들은 지중해 밑으로는 여행을 해보지 않았던 것이다. 물론 바빌로니아인, 수메리아인, 그리스인 혹은 로마인들 또한 매우 제한적인 위도 내에서 생활했다.

고대 문명의 천문학자들은 같은 하늘 아래 같은 별들을 보면서 지냈다. 심지어 중국과 인도의 학자들 역시 적도 밑으로 내려가 본 적이 없었다. 만약 프톨레미가 어떤 경유로 호주에 도달할 수 있었다면, 왈라비와 주머니개미핥기 못지않게 이색적인 별자리들을 발견할 수 있었을 것이다.

물론 남반구의 대부분의 육지에는 사람들이 살고 있었다. 호주와 아프리카 그리고 남아메리카의 원주민들은 나름대로 하늘을 관측했고 구전으로 기록들을 전달했다. 폴리네시아의 항해사들은 하늘의 별들의 움직임을 꿰뚫고 있어서, 이를 기준으로 큰 어려움 없이 먼 거리를 항해할 수도 있었다.

이후 유럽의 탐험가들이 남반구에 도달하면서, 남반구의 별자리에 새로운 이름을 붙이기 시작했다. 그리고 1592년에서 1763년 사이에 남반구의 별자리들의 명칭이 정리되었다.

가장 많은 별자리에 이름을 붙인 사람은 프랑스의 니콜라스-루이스 드 라카유[1713~62]였다. 그는 14개의 남반구 별자리에 이름을 지었고, 오늘날까지도 전해지고 있다.

새로운 별자리들의 명칭은 북반구의 별자리들보다 넓은 주제의 폭을 다루었다. 이 중에는 큰부리새자리, 혹은 기린자리와 같이 매우 이색적인 이름들도 있었다. 또한 라카유는 팔분의자리, 망원경자리 등의 이름도 지어주었다. 남아프리카의 테이블마운틴을 경외하는 의미에서 지어진 제단자리도 있었다. 또한 라틴어로 직각을 의미하는 수준기자리도 있었다. 이와 같은 이름들은 즉흥적으로 지어진 것이 아니었으며, 때로는 경쟁자도 있었다.

1922년, 마침내 북반구와 남반구의 별자리가 합쳐지게 되었다. 국제천문연맹은 프톨레미 시대에 지어진 북반구 성좌들의 지도와 남반구 하늘의 성좌들을 모으고 일부 애매한 성좌명들을 깔끔하게 정리해 하나로 통일된 별자리 지도를 내놓았다. 그 결과 88개의 공식 별자리명이 만들어졌다. 여기서 성좌란 훨씬 넓지만 정확한 의미를 갖는다. 예를 들어, 사자자리의 경우 사자처럼 보이는 밝은 별들의 그룹으로 이루어진다.

1922년에 합의된 바에 따르면, 사자자리는 이 별들을 포함하여 이 별들 사이에 밝기와 상관없이 생성되는 모든 별들을 포함토록 되어 있다. 그 결과 오늘날 사자자리 안에는 수십억 개의 별과, 은하, 성간 구름들이 존재하게 되었으며, 이들 중 대부분은 맨눈으로는 관측이 불가능하다. 오늘날 모든 별들은 한 개의 성좌에만 속할 수 있다.

유명한 별들의 그룹[23] 중에는 성좌가 아닌 경우도 있다. 흔한 예로 북두칠성이 있다. 공식적으로 88개의 성좌 카탈로그에 포함이 되어 있지 않은 이 7개의 별들은 큰곰자리의 꼬리 부분을 구성하는 역할을 한다. 북십자성 역시 백조자리의 밝은 별들을 모아놓은 그룹을 의미한다.

이와 같은 비공식적인 별들의 그룹을 성군^{asterism}이라고 부른다.

---

23) 정확하게 말하자면, 오늘날 우리가 하늘에서 보고 있는 별자리들은 일종의 착시 현상이다. 만약 우리가 지구에서 몇 광년만 이동을 한다면, 이 별자리들의 위치는 바뀌게 될 것이며, 결국에는 보이지 않게 될 것이다. 오리온자리를 예로 들어보자.
오리온자리의 별들의 패턴은 모래시계 혹은 인간의 몸통과 비슷하게 생겼다. 오리온자리의 기원은 32,000여 년 전에 발견된 상아 등에서도 발견이 될 정도로 오래전부터 인간의 눈에 들어왔다. 그러나 실제로 이 별들은 서로 가까이에 붙어 있지 않다. 오리온자리의 7개의 별들 중에 가장 가까운 것은 벨라트릭스이다. 이 별은 지구에서 243광년 정도 떨어져 있다. 가장 먼 별은 알닐람이며 지구에서 1,359광년 정도 떨어져 있다. 다시 말해, 벨라트릭스는 오리온자리 내 별인 알닐람보다 태양에 더 가까이 위치한 셈이다. 다른 성좌들에도 비슷한 예들이 많다.

천문학자들은 망원경으로 관측하는 데 대부분의 시간을 보낸다?

'천문학자'와 '망원경'은 마치 '의사'와 '매스', 혹은 '소방관'과 '물 호스' 등과 같이 즉각적으로 연상된다. 인터넷에서 천문학자라는 단어로 이미지를 검색해보면 아마도 망원경으로 하늘을 관측하는 모습들이 수두룩하게 검색될 것이다. 과연 천문학이라는 것은 그런 것일까?

한마디로 대답해서 그렇지 않다. 현대의 천문학에서 전통적인 망원경은 그다지 유용하지 않다. 안타깝게도 가장 큰 광학 망원경이라 할지라도 인간의 눈에 비해 엄청난 이점이 있는 것은 아니다. 현대의 천문학은 정교한 센서와 기록장비들을 이용하여 데이터를 수집하는 데 중점을 둔다.

천문학자들은 여전히 망원경을 사용하기는 한다. 그러나 일반적으로 생각하는 망원경의 형태와는 매우 다르다. 오늘날의 장비는 인간의 눈으로 볼 수 없는 적외선이나 라디오파 등을 감지한다. 라디오파를 감지하는 경우, 전파망원경을 이용하는 것이 가장 효과적이다. 이 망원경은 거대한 접시 모양으로 일반적인 광학망원경과는 외관적으로 많이 다르다.

전반적으로 가장 효과적인 망원경은 우주 공간에 있는 망원경이다. 우주 밖으로 나가면 대기에 막혀 보이지 않던 UV와 X-선 등을 촬영하는 것이 가능하다.

최근 천문학 분야에서 혁신적으로 꼽히는 일은 바로 중력파의 발견이었다. 중력파는 아인슈타인이 그 존재를 예측한 지 100년이 지난 2016년이 되어서야 처음으로 발견되었다. 중력파의 발견은 천문학 분야의 판도를 크게 뒤흔들고 있다. 중력파를 이용하면 우리가 일반적인 망원경으로 관측할 수 없었던 새로운 영역에 대한 연구가 가능해진다.

개념 증명[POC]은 이미 미국의 레이저간섭계 중력파 관측소[LIGO]에서 이루어졌다. 이 망원경은 어느 한 구석도 일반적인 망원경과 닮은 부분이 없었다.

망원경을 차치하고서도,

심지어 이 관측소 자체도 통념상의 관측소처럼 보이지도 않았다. 우선 LIGO는 워싱턴 주와 루이지애나 주 두 곳에서 동시에 운영되면서 기록을 체크하기 때문에, 두 지점의 비교 분석을 통해 다른 일반적인 진동파들은 기록에서 제거한다. 각 LIGO에는 알파벳 'L' 모양의 콘크리트 터널이 있다. 이 터널은 자그마한 도시 하나 정도의 규모이다. 이 터널 안에는 진공관이 들어 있으며 중력파를 검출하는 역할을 한다. LIGO는 일반적인 망원경과는 달리 방사능선에 집중하지 않지만, 중력으로 생기는 흔들림을 감지할 수 있다. 물론 이러한 파동은 매우 미약하다. 그러나 LIGO는 양자 지름의 1/1000 정도밖에 되지 않는 흔들림까지도 감지할 수 있다. 이러한 측면에서 볼 때 LIGO를 망원경이라고 부르는 것도 적절하지 않을 수도 있다. 하지만 LIGO는 분명 오늘날 천문학에 적용되는 신기술의 예이다.

전문적인 천문학자들은 일반적인 망원경을 활용하는 일이 거의 없지만, 여전히 가시광선을 이용하기는 한다. 예를 들어, 허블우주망원경은 가시광선 범위 내의 주파수를 감지해 이미지를 생성해낸다. 그러나 천문학자들은 하드웨어적인 부분에 크게 집착하지 않는다.

허블우주망원경은 하루에 24시간 동안 작동됨에도 불구하고 처리 한도의 6배가 넘는 요구를 받는다. 소프트웨어는 다양한 관측 요구를 동시에 처리하기 위해 최적의 스케줄링을 한다. 이는 마치 영업원이 이동 경로를 단축하기 위해 최적의 경로를 찾는 일과 비슷하다. 단지 적용대상이 기업이 아니라 우주일 뿐이다.

그럼에도 불구하고 천문학자들은 대부분의 시간을 망원경 관측보다는 제안서 작성이나 종전에 모아둔 데이터를 분석하는 데 사용한다.

이제 나는 앞서 언급했던 내용과 상반된 이야기를 할 것이다. '아마추어' 천문학자들에게 있어서 일반적인 망원경은 여전히 매우 중요한 도구이다. 이는 인기 있는 취미생활이기도 하다. 아마추어를 어떻게 정의하느냐에 따라 달라질 수는 있지만, 어림잡아 미국만 해도 약 20만에서 50만 명의 취미 관측자들이 존재할 것으로 추측된다. 이들 대부분은 망원경으로 우주를 관측하며 희열을 느낀다. 물론 이들 중 일부는 중요한 발견을 해내기도 한다. 예를 들어, 초신성 폭발, 혜성 그리고 일부 소행성들은 아마추어 천문학자들이 발견해낸 성과들이다.

그럼 이제 자연스럽게 다음 주제로 넘어가 보도록 하자.

별을 공부하려면 고가의 장비가 필요하다. 천문학이란 전문가들만을 위한 분야이다?

2007년 8월, 새로운 천체가 작은사자자리 성좌에서 발견되었다. 이 회전하는 초록색 천체는 주변의 나선형 은하와 연관이 있는 것처럼 보였다. 마치 은하의 일부 물질이 먼 우주로 뿜어져 나온 것처럼 보이는 것이다. 이 천체는 눈부시게 빛났지만 고작 몇 개의 별만이 있을 뿐이었다. 천문학자들은 이 천체가 반짝이는 원인이 주변 은하에 있는 퀘이사와 같이 매우 밝은 광원에 반사되어 나타나는 것으로 보았다.

이 천체의 밝기는 점차 흐려졌으나, 이 천체가 가진 방사능 효과는 주변 먼지들을 통해 지속되었다. 실로 놀라운 천체였다. 더욱 놀라운 점은 이 천체를 발견한 사람이 망원경조차 없는 네덜란드의 한 교사였다는 점이었다.

이 발견은 〈Galaxy Zoo〉라는 웹사이트를 통해 소개되었다. 〈Galaxy Zoo〉로 2007년 7월에 천문학자들의 문제 해결에 도움을 주기 위한 취지 시작된 혁신적인 프로젝트였다.

현대의 망원경은 먼 곳에 있는 수백만 개의 은하를 촬영할 수 있다. 어떻게 이 수많은 데이터들을 관리할 수 있을 것인가? 가장 확실한 점은 문제 해결에 컴퓨터가 반드시 필요하다는 점이었다. 컴퓨터는 정보를 스캔하고 분류하는 데 있어서 매우 효과적이다. 그러나 각 이미지에서 의미를 추출하는 작업은 컴퓨터로만은 부족했다. 컴퓨터에게 먼 은하의 사진을 보여주고 은하의 형태를 나선형, 타원형 혹은 그 중간 등으로 분류하는 것은 어려운 일이었다. 물론 오늘날은 기술이 발전하여 가능할 수도 있겠지만, 2007년 당시의 이미지 인식 기술로는 어려운 일이었다.

결국 해결 방안은 일반 대중들의 호기심에 호소하는 방법이었다. 누구든지 Galaxy Zoo라는 웹사이트를 통해 로그인을 하면, 간단한 튜토리얼을 진행한 후 은하를 분류하는 작업을 할 수 있도록 허용했다.

이 결과는 실로 놀라웠다. 첫 해에만 약 5천만 개의 분류 작업이 진행된 것이었다. 또한 분류의 정확도도 알고리즘의 정확도에 비해 훨씬 높았다. 대부분의 작업이 수십 명 정도의 인원 내에서 이뤄낸 것으로 볼 때 신뢰성도 꽤 높았다.

하니 반 아르켈은 Galaxy Zoo에 지원한 초기 자원자 중 한 명이

었다. 그녀는
대부분의 지원
자들과 마찬가
지로 천문학적인 교
육을 받은 사람이 아니었으며, 단
지 우주에 대한 호기심으로 이와 같은 작업에 지
원했다고 한다. 그럼에도 불구하고 그녀는 이전에 보
았던 것들과는 전혀 다른 천체를 발견해냈다.

그녀는 Galaxy Zoo의 토론방에 그녀가 발견
한 결과물을 공유했으며, 오래지 않아 전문가들
이 주목하게 되었다. 그녀가 발견한 것은 거대
한 먼지 구름으로 판명이 났다. 이 천체의 이름
은 현재 '한니스 부르페르프'라고 붙여
졌으며, 번역하면 '한니의 천체' 정도
로 해석할 수 있다.

이후에도 다른 유사한 천체들이 발견되었으나, 한니가 동 분류에
대한 첫 번째 발견을 이뤄낸 기록을 보유하게 되었다.

Galaxy Zoo는 이제 다른 임무에 주력하고 있다. 이 웹사이트의
유저들은 가장 밝은 은하들의 크기와 모양을 묘사하는 임무를 부여
받고 있다. 예를 들어 은하의 나선팔의 숫자를 세는 작업이나, 은하
중심 팽대부의 크기를 측정하는 일 등을 맡고 있다.

다음 임무는 보다 먼 우주를 관찰하는, 즉 이 은하들의 과거 모습을 볼 때 주변 은하와 어떻게 다른지를 비교하는 일이다.

Galaxy Zoo에는 계속해서 더 많은 데이터가 축적되고 있기 때문에 앞으로도 더 다양한 새 임무들이 주어질 것으로 보인다.

이 프로젝트는 수십 개의 논문과 은하에 대한 우리의 지식을 넓혀 주었다는 측면에서 굉장히 성공적이었다. 이 프로젝트의 거의 모든 주요 업무는 아마추어들이 해냈으며, 고가의 장비 없이 매우 적은 훈련만으로도 성과를 이루어냈다.

Galaxy Zoo는 가장 크고 잘 알려진 '시민 과학'의 사례 중 하나이며, Zoonvierse라는 파생 사이트를 통해 계속해서 프로젝트들을 진행하고 있다.

이제 여러분은 다른 항성 주변의 행성들을 찾아 나서거나, 우리 은하의 지도를 그린다거나, 중력파를 면밀히 살피거나, 혹은 화성의 표면을 연구하는 일에 참여할 수 있다. 물론 이 외에도 다른 분야의 과학 연구에도 참여가 가능하다.

Galaxy Zoo는 천문학계의 오랜 전통에 따라 언제나 아마추어들의 업적을 받아들이고 있다. 이는 어찌 보면 당연하다. 우주는 너무나도 크기 때문에 현대의 컴퓨터나 망원경조차도 모두를 연구하는 것이 불가능하다. 그렇기 때문에 특정한 타이밍에 특정 하늘의 부분을 관측할 기회를 갖는 일은 분명 차이를 만들어낼 수 있다.

이와 같은 사례는 윌리엄 허셜[1738~1822] 때까지로 거슬러 올라간다. 허셜은 1781년 영국의 배스에 있는 그의 집 뒤뜰에서 천왕성을 발견했다. 당시 그는 음악가였으며 천문학은 취미 생활에 불과했다. 물론 그는 이후에 천문학자로 전향했다. 또 하나의 예로 헤일-밥 혜성이 있다. 이 혜성은 앨런 헤일과 토마스 밥이라는 두 명의 아마추어 천문학자들이 발견했다. 밥은 집에서 제작한 망원경을 빌려 혜성을 관측했다. 밥은 공사와 관련된 물질들을 생산하는 공장에서 일하던 사람으로 전문적인 천문학자와는 거리가 멀었다.

가장 유명한 아마추어 천문학자로는 호주 출신이자 목사였던 로버트 에반스가 있다. 에반스는 오랜 기간 동안 하늘을 관측하며 그 누구보다도 천체에 대해 잘 기억하고 있는 사람이었다. 그는 망원경으로 하늘을 올려다보면서 천체에 변화가 생길 경우 즉각적으로 알아차릴 수 있는 신기한 재주를 가지고 있었다. 그는 이러한 재주를 이용하여 폭발하는 별, 즉 슈퍼노바를 발견해냈다. 물론 오늘날에는 자동화된 망원경이 그의 능력을 대신하고 있다.

우주는 검은색이다?

돈 맥린의 〈Vincent〉라는 곡에서 'Starry, starry night Paint your palette blue and gray'라는 가사에도 불구하고, 아마 대부분의 사람들은 우주가 검은색이라는 말에 수긍할 것이다. 지구에서 본 우주는 검다. 물론 우주에서 본 우주도 검다. 달에서 본 우주 역시 검다. 그렇기 때문에 우주가 검은색이라고 생각하는 것은 납득하기 어려운 일이 아니다.

그러나 여기서 흥미로운 질문이 생긴다. 만약 우주가 무한하다면, 어째서 우리가 별빛으로 물든 하늘을 볼 수 없는 것일까? 왜 이렇게 하늘에 검은색이 드리우며, 별들과 은하들만이 반짝이는 것일까?

이것은 '올베르스의 역설'이라고 부르며, 문제를 제기했던 19세기의 천문학자 윌헬름 올베르스[1758~1840]의 이름을 따서 붙여졌다.

이 문제는 20세기 중반에 들어서까지 해결되지 않았다. 그 이유 중 일부는 올버가 내린 가정에 있었다. 그는 우주가 영원하고 무한한 것이라고 생각했다.

그러나 오늘날 우리는 우주의 기원이 138억 년 전에 일어났던 빅뱅이었음을 알고 있다. 또한 우주의 크기는 유한하며, 광원의 숫자도 유한하기 때문에 하늘을 가득 채울 수 없다는 것도 알게 되었다. 또한 별들과 은하 역시 수명을 가지고 있다는 것도 알게 되었다. 별들과 은하는 무한한 삶을 누리는 것이 아니며, 100억여 년의 시간 후에는 사라진다.

어떤 의미에서 올베르스의 직감은 옳다고도 할 수 있다. 빅뱅이 일어나고 40만 년 정도 지났을 때까지는 우주가 빛으로 가득했다. 이 시기는 우주가 충분히 식지 않아 원자와 입자들이 생겨나기 이전이었다. 우주의 모든 곳은 뜨거운 오렌지색 플라즈마로 가득 채워져 있었다. 물론 이를 관찰할 눈들도 생겨나기 전의 일이다.

이후 우주가 팽창하면서, 플라즈마가 약해지고 온도가 낮아지면서 일반적인 물질들이 형성되었고 결국은 오늘날과 같은 우주의 온도까지 떨어지게 되었다. 오늘날 우주의 검은색은 예전의 오렌지색을 대체하게 된 셈이다.

오렌지색 우주는 아주 오래전의 일이기는 하지만, 우리는 여전히 그 모습의 일부를 엿볼 수 있다. 독자 여러분은 먼 우주를 볼수록 시간을 거슬러서 볼 수 있게 된다는 사실에 대해 알고 있을 것이다. 여러분이 우주의 정말로 깊은 곳까지 보게 되면 오렌지 플라즈마 상태였던 우주를 볼 수 있게 될 것이다.

어쩌면 오늘날에는 더 이상 오렌지색처럼 보이지 않을 수도 있다. 이 빛은 '적색편이' 현상에 의해 왜곡되고 늘어졌을 수도 있다. 이 빛은 가시광선의 대역을 넘어서지만, 마이크로파 복사선으로서 감지가 가능하다.

이것이 바로 오늘날 알려진 마이크로파 우주배경복사이며, 보다 로맨틱하게는 '태초의 잔광afterglow of creation'이라고 할 수 있겠다.

오늘날 우리는 빅뱅 자체를 볼 수는 없지만, 빅뱅의 여파에 대해 관측하고 그려나갈 수 있게 되었다. 이것은 인류 역사에 있어 가장 큰 발견 중에 하나이지만 여전히 모르는 부분이 많다.

만약 우리가 적외선, 자외선, 감마선, 라디오파 등의 필터를 이용해 관측한다면, 여전히 다른 방사선원들을 볼 수 있다. 우리가 보는 빛, 즉 가시광선은 전자기학 스펙트럼에서 매우 작은 부분에 지나지 않는다. 그렇기 때문에 밤하늘은 우리 눈에 검은색으로 보이는 것이다. 만약 우리가 눈의 구조를 바꿀 수 있다면, 밤하늘은 밝게 빛나고 있을 것이다.

우주가 검은색이 아니라는 또 다른 흥미로운 주장이 있다. 2002년, 미국의 천문학자들은 흥미로운 실험을 했다. 만약 주변 은하들의 빛을 모아 모두 섞는다면 어떤 일이 일어날까? 마치 어린 아이가 페인트박스를 마구 섞어 놓듯이 말이다.

천문학자들은 20만 개 은하의 자료들을 모아서, 이와 비슷한 일을 했다. 컴퓨터가 내어놓은 결과물은 모든 잡지 에디터들의 시선을 사로잡을 만했다. 만약 여러분이 모든 광원의 빛을 모을 수 있다면, 우주의 색은 베이지색일 것이다.

RGB 조합을 고려했을 때 255, 248, 231이라는 수치는 베이지색에 가까웠다.

이와 같은 하늘의 색조를 두고 여러 가지 이름이 붙여졌다. Skyvory, Univeige, Big Bang Buff 등이 인기를 끌었다. 그러나 결국 승자는 Cosmic Latte였다고 한다.

우주는 고요하다?

우주에서는 그 누구도 여러분의 고함을 들을 수 없다. 영화 에얼리언에서는 가장 흔한 실수를 펀치라인으로 승화시켜서 찬사를 들었다.

사실 여러분이 접한 공상 영화에는 우주선이 카메라 밖으로 사라지면서 커다란 소음이 생긴다거나, 레이저건을 쏘면 '슉슉' 소리가 나는 경우가 많지 않았던가? 사실 우주는 매우 조용한 곳이다. 소리는 물, 금속, 공기 등 어떠한 매개체가 있어야만 전달이 가능하다. 소리는 입자가 진동하는 것을 인식하는 방법이다.

만약 우주와 같은 공간에서라면, 여러분의 고함은커녕 총소리조차 들리지 않을 것이다. 이 부분에 대해 나는 깔끔하게 인정한다. 이것은 논쟁의 여지가 없을 만큼 확실한 사실이라고 볼 수 있다.

여러분은 핵폭발이 일어나는 주변을 지나고 있다 하더라도 조금의 소음도 들을 수 없을 것이다. 물론 핵폭발이 일어나면 소음보다는 방사능이 더 큰 문제이긴 하지만 말이다.

그러나 범위를 조금 넓히면, 우주에서 소리를 인지하는 것이 가능하다.

범위를 넓힌다는 것은 아마도 적합한 표현일 것이다. 우주에서는 음파가 발생하지는 않지만, 우주 자체가 늘어나는 것과 유사한 소리를 '들을' 수 있다.

이 책의 다른 부분에서 다루었듯이, 2016년에 최초로 중력파에 대한 보고서가 발표되었다. 이 중력파는 시공간에 변조를 일으키는 것으로 한 세기 전에 아인슈타인이 예측했었다. 엄청난 양의 질량이 가속하면 중력파가 발생한다. 하나의 예로는 두 개의 블랙홀이 서로의 주변을 공전하다가, 안쪽으로 이동하면서 충돌하게 되는 현상이 있다. 이런 거대한 사건으로 발생하는 중력 변조는 음파와 비슷한 파동을 만들어낸다. 이 파동은 다른 파동들과 마찬가지로 진폭과 진동수를 갖는다. 이를 음파로 바꾸는 것은 상대적으로 쉬운 일이다.

그렇다면 두 개의 초거대 블랙홀이 충돌하면 어떤 소리가 발생하는 것일까? 이는 마치 물이 양동이에 쏟아지는 소리와 비슷할 것이다. 점강법의 극단적인 예라고 할 수 있겠다.

다른 종류의 파동을 소리로 바꾼다면, 우리는 우주의 천체들이 내는 여러 가지 소리들을 들을 수 있다. 예를 들어 전파 망원경은 별들과 행성들로부터 생성되는 라디오파를 잡아낼 수 있다. 이 신호는 마치 자동차의 음향시스템과 마찬가지로 음파로 변환할 수 있다.

이런 방법으로 우리는 바깥 우주의 소리를 들을 수 있다(물론 이것은 여러분이 들을 수 있는 소리는 아니며 일종의 비유임을 잊지 말자). 태양은 '쉬익' 하는 소리를 낸다. 목성은 마치 누군가 콘프레이크를 밟는 듯한 소리가 난다. 같은 방법을 전자기장 스펙트럼의 다른 영역에 적용하면 우주배경복사의 소리도 들을 수 있다.

우리는 우주배경복사에 대해 이미 논한 적이 있다. (P 203 참조) 여러분이 들을 수 있는 '가장 오래된 소리'는 특징을 설명하기가 어렵다. 이는 마치 쇼핑몰에서 사람들이 웅성거리는 소리 같은 느낌이다. 아마도 Cosmic Latte 우주에게는 적절한 소리일지도 모른다.

우주는 춥고 텅 빈 공간이다?

우주에는 다양한 물체들이 존재한다. 행성과 별, 혜성, 위성, 우주선, 배변봉투(P 119 참조) 등 가지가지의 물체들이 존재한다. 이 물체들 사이에는 어마어마한 크기의 빈 공간이 존재한다. 즉, 엄청난 규모의 진공상태가 존재한다.

우주 밖에 대기가 존재하지 않는 것은 사실이다. 그러나 완전한 진공상태는 아니다. 그 어떤 공간도 완전히 진공상태는 아니다. 지구 주변의 그 어떤 '진공'상태에 놓인 공간을 보더라도 태양의 고에너지 입자나 흩어져 있는 수소 입자, 헬륨 혹은 작은 먼지 입자 등을 발견할 수 있다. (약 $5atoms/m^3$ 정도) 태양계 바깥으로 나아가면, 진공상태가 훨씬 잘 정돈되어 있을 수는 있으나, 이곳에서조차 약간의 원자 혹은 아원자들이 존재한다.

또한 빛은 우주의 곳곳에 존재한다. 보통 빛은 파장으로 생각되지만, 광자라고 불리는 입자들의 흐름으로 해석될 수도 있다. 중성미자와 우주선과 같은 작은 입자들 또한 우주에 가득하다. 진공이라고 불리는 상태는 가상입자들로 가득하기도 하다. 가상입자란 퀀텀 단위에서 매우 짧은 시간 동안 존재했다가 사라지는 입자들을 말한다. 이 입자들과 이 입자의 반입자들은 산발적으로 나타났다가 서로 파괴된다. 이는 모든 곳에서 항상 일어나는 현상이며, 진공이라는 공간을 바쁘게 만든다고 볼 수 있다.

그렇다면 최상의 진공상태를 찾으려면 어디로 가야 할까? 아마도 그 어떤 별이나 혹은 방사선원 등에서부터 가능한 멀리 떨어진 곳으로 가야 할 것이다. 그럼에도 불구하고 태양계에서 가장 빈 공간에 가까운 곳은 아이러니하게도 지구에 있다. 대형 강입자 충돌기[LHC]가 그 기록을 가지고 있다. 이곳의 진공상태는 달 주변의 우주 공간에 비해 100배나 희박하다.

같은 이유로 우주는 살 수 없을 정도로 추운 곳으로 여겨진다. 사실 우주의 온도는 지역에 따라 크게 다르다. 지구의 궤도에서 온도는 약 영하 100℃에서 260℃ 사이를 오간다. 하지만 비행사들에게는 열이 추위보다 더 큰 문제이다. 그래서 우주복과 우주정거장은 태양빛을 굴절시켜 열을 최소화할 수 있는 흰색 물질들로 코팅이 되어 있다.

명왕성의 경우 태양빛을 거의 받지 못해 평균 온도가 영하 229℃

정도이다. 설령 우리가 모든 별에서부터 최대한 먼 곳으로 이동한다고 하더라도, 여전히 잔열이 존재할 수 있다. 앞서 살펴보았던 우주 배경복사는 우주를 절대 0도(-273℃)에서 몇 도 정도 위의 온도를 유지하는 역할을 해준다. 절대 0도는 입자들이 휴면 상태에 돌입하는 이론적인 온도를 나타낸다.

우주에서 가장 추운 곳은 은하 사이의 어떤 불규칙한 공간이 아니다. 이곳 또한 지구에서 찾을 수 있다. 존재할 수 있는 가장 추운 공간은 미국 보스턴의 찰스강 유역에서 찾을 수 있다.

2015년, MIT의 학자들은 나트륨 가스를 이용해 절대 0도에서 1/10억 높은 온도까지 낮추는 데 성공했다. 이 연구에서는 복잡한 자기장과 레이저를 사용하며, 자연적으로는 조성될 수 없는 환경을 만들어냈다. 물론 외계인들이 더 정교한 냉동고를 만들어냈다면 또 모르겠지만, 현재까지 지구는 우주에서 가장 추운 곳을 보유하고 있다.

우리는 우주의 대부분에 대해 알고 있다

17세기에 최초의 망원경을 발명했던 한스 리페르셰이, 크리스찬 호이겐스 그리고 아이작 뉴튼 경과 같은 사람들은 이미 세상을 떠났다. 이후 400여 년간 인류는 우주에 대한 지식을 키워왔다.

우리는 나름 잘해왔다. 천문학자들은 수백만 개의 은하들을 발견했으며, 다른 항성 주위에 위치한 행성들도 수천 개나 찾아냈다. 심지어 우리는 빅뱅의 증거인 우주배경복사의 이미지를 촬영하는 데도 성공했다. 그렇다면 아직도 우리가 발견해내야 할 우주의 신비가 남아 있는 것일까?

물론이다. 그것도 매우 많은 부분이 남아 있다. 사실 우리가 모르고 있는 우주는 너무나도 크며, 아직 제대로 살펴보지조차 못했다.

우선 은하와 별들에서부터 시작해보자. 아무도 얼마나 많은 은하가 우주에 존재하는지에 대해 알지 못한다. 우리는 그저 작은 부분만을 사진을 통해 보았을 뿐임에도 불구하고, 수많은 은하들이 존재함에 대해 알고 있다. 어떻게 알 수 있는 것일까?

천문학의 역사에서 중요한 순간은 1995년에 일어났다. 허블우주망원경은 별들과 성운들의 촬영을 멈추고 텅빈 우주 공간을 관찰토록 명령받았다. 이곳은 우주에서 매우 작은 공간이었다. 약 전체 하늘의 1/2억 4천만 정도를 차지할 정도로 작은 점에 가까웠다.

허블우주망원경은 이 지점을 약 100시간 정도 촬영했다. 이렇게 긴 시간 빛에 노출되자, 어둡고 흐릿하게 보이던 천체들이 보다 뚜렷하게 보이기 시작했다. 이 지점에는 과학자들이 추측키로 약 3,000개의 천체가 존재하며, 이들 중 대부분은 은하로 추측되었다. 이는 하늘에서 너무나도 작은 부분에 불과했다.

허블 딥 필드와 레이저 관측 등으로 추측해볼 때, 천문학자들은 관측 가능한 우주 내에 약 2조 개에 가까운 은하들이 존재할 것으로 보고 있다. 따라서 여러분은 여전히 약 270개의 은하에 대한 소유권을 주장할 수 있다. 또한 각 은하에는 약 1,000억 개의 별들이 있으니 여러분이 탐사할 수 있는 영역은 충분하다.

이 많은 천체들은 최첨단 장비를 동원해야만 볼 수 있는 것들이다. 우주에 존재하는 대부분의 일반 물질들은 우리 눈에 보이지 않는다. 아마도 이 물질들은 지구에서 너무 멀리 떨어져 있거나, 매우 작거나, 다른 천체에 가려져 있거나 혹은 빛을 발하지 않기 때문에 눈으로 확인이 어렵다. 블랙홀은 눈으로 확인이 불가능하다. 물론 블랙홀 주변에 미치는 영향력을 확인하는 것은 가능하다.

혹여 우리가 우주에 존재하는 모든 일반 물질들을 볼 수 있다고 할지라도, 우리는 우주 전체를 알 수는 없을 것이다. 우주에는 소위 암흑 물질이라고 불리는 다른 종류의 물질이 존재한다.

암흑 물질은 관측된 적이 없다. 그 누구도 이것이 무엇인지 정확하게 알지는 못한다. 그럼에도 불구하고 이 물질은 우주에 존재하며 눈에 보이는 물질의 이동 등에도 영향을 미친다. 현재 일반 물질(항성, 은하, 성간 먼지 등)은 우주의 5% 정도밖에 차지하지 않는 것으로 추정하고 있다. 반면에 암흑 물질은 27%나 차지하고 있을 것으로 보고 있다. 암흑 물질은 일반 물질의 5배나 흔한 물질이지만, 여전히 눈에 보이지 않는다.

그러나 두 물질 모두를 포함한다고 해도 68%의 우주는 여전히 미지의 세계이다. 이론 물리학자들은 이에 대한 해답을 암흑에너지[24]에서 찾고 있다. 암흑에너지 또한 관측된 적이 없으나, 모든 곳에 존재하는 것으로 보고 있다.

우리는 이미 우주의 팽창 속도가 증가하고 있음에 대해서 알아보

---

24) 물리학의 법칙, 특히 아인슈타인의 $E=mc^2$ 라는 법칙에 따르면, 물질과 에너지는 동전의 양면과 같은 것이라고 할 수 있다. 다시 말해 물질은 에너지로, 에너지는 물질로 변환이 가능하다. 그렇기 때문에 천체물리학자들은 우주의 질량-에너지에 대해 연구하며, 이런 이유로 '암흑에너지'가 다른 물질들과 함께 우주를 구성하는 일부라고 여기고 있다.

았다. 암흑에너지는 아마도 우주의 팽창 속도를 촉진하는 힘일 것으로 보여진다. 그 외에 암흑에너지에 대해 알려진 부분은 없다.

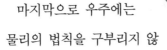

　마지막으로 우주에는 물리의 법칙을 구부리지 않는 한 우리가 영원히 이해할 수 없는 부분이 존재한다. 여기서 제한 요소는 빛의 속도이다.

　우주에서 매우 멀리 떨어진 천체들에서부터 오는 빛은 아직 지구에 도달하지 않았기 때문에 존재를 확인할 수 없다. 설령 여러분이 태양계 크기만한 망원경을 만들 수 있다 할지라도 이 경계를 넘어서는 천체에 대한 확인은 불가능하다.

　도대체 얼마나 먼 곳을 이야기하는 것일까? 빅뱅이 일어난 후 138억 년이 지났기 때문에, 빛 또한 동일한 시간만큼 이동해왔다. 그렇기 때문에 우리가 관측할 수 있는 최대 범위는 138억 년이라고 생각할 수 있다.

　그러나 과학자들은 '관측 가능한 우주'의 범위를 470억 광년으로 보고 있다. 그 이유는 우주 자체가 빅뱅 이후로 크게 팽창했기 때문이다. 계속해서 더 먼 우주에서의 빛이 지구에 도달하고 있기 때문에, 관측 가능한 우주의 범위는 계속해서 늘어날 것으로 보인다.

그럼에도 불구하고 우리가 알 수 없는 우주의 영역이 존재한다. 관측 가능한 우주 범위의 밖은 전혀 알려지지 않은 곳이다. 우리가 짐작할 수 있는 부분은 이 영역이 관측 가능한 우주에 비해 훨씬 더 클 것이라는 것뿐이다. 그리고 이것은 우리의 우주와 별개의 평행우주 등에 대한 가설은 포함하지도 않은 영역이다.

결국 우리가 매우 뛰어난 기술을 개발할지라도, 우리가 실제로 연구할 수 있는 우주의 범위는 극히 일부일 뿐이다. 우리는 마치 자신이 뚫어 놓은 구멍은 잘 알지만, 정작 산과 바다, 도시, 등에서는 알 기회를 얻지 못하는 두더지와 같은 신세이다.

이와 같은 사실은 우리를 겸허하게 하고 또 조금은 무섭기도 하다.

이제 좀 더 가벼운 주제에 대해 다뤄보아야 할 것 같다.

우주의 특이성[*]

우주와 상상이 만나는 곳,
문제와 오류가 빈번한 곳……
그리고 외계인

모차르트는 〈반짝반짝 작은 별〉을 작곡했다?

독자 여러분 중에서 〈반짝반짝 작은 별〉과 〈BaaBaa Black Sheep〉의 멜로디가 같다는 것을 아는 사람이 있는가? 어떤 사람들은 이 멜로디를 아이들에게 알파벳을 가르치는 데 쓰기도 한다. 이 멜로디는 어디서부터 시작된 것일까? 일부에서는 종종 '반짝반짝' 은 모차르트가 어릴 때 썼던 짤막한 노래 중에 하나라는 주장을 하곤 한다. 물론 모차르트는 어릴 때 이 멜로디의 변주곡을 쓰긴 했지만, 이는 1781년, 즉 그가 20대 중반에 이르렀을 때의 일이다. 이 멜로디의 기원은 〈Ah! Vous dirai-je, Maman(아! 엄마에게 말하겠어요)〉라는 프랑스의 민요라고 한다. 물론 모차르트의 변주곡으로 인해 이 멜로디가 널리 퍼지게 되었긴 했으나, 사실 프랑스 사람들은 모차르트가 태어나기 몇십 년 전부터 이 노래를 흥얼거렸다고

한다.

사실 원곡의 작곡자는 별과 연관지어 멜로디를 구상했던 것은 아니었다. 이 곡에 대한 가사는 1806년, 작곡가가 세상을 떠난 지 15년 뒤에나 붙여졌다. 작사가는 영국의 시인 제인 테일러로 우리의 기억에서는 이미 잊혔지만, 이 곡의 가사만큼은 모든 사람들이 기억할 정도로 유명해졌다.

위의 내용은 우주와 관련된 내용은 물론 아니다. 그러나 나는 〈반짝반짝 작은별〉을 조금 과장된 버전으로 바꾸어 불러보도록 하겠다.

> 번쩍번쩍 빛나는 구상체
> 장대한 당신의 신비에 대해 헤아려 보네
> 에테르 공간 안에 고상한 자태를 뽐내며,
> 탄소질의 보석과 매우 닮았다네

　사실 별들은 전혀 반짝이지 않는다. 별들이 반짝거리는 이유는 지구 대기의 변화 때문이다. 우주에서 별들을 보게 되면 현란할 정도로 지속적으로 밝게 빛나는 것을 확인할 수 있을 것이다.

다른 음악적 사고들

Dark side of the Moon   핑크 플로이드의 1973년 작품이자 프로록락의 명반으로 베스트셀링 앨범 3위에 꼽힐 정도로 유명한 곡이다. 이 곡이 유명해지면서 달에 영구적으로 어두운 면이 있다는 사실이 널리 알려지게 되었다. 그러나 사실은 그렇지 않다. 우리가 볼 수 없는 달의 반대편 또한 마찬가지로 같은 양의 태양빛을 받는다.

Fly Me to the Moon   프랑크 시나트라가 기존의 곡을 스탠더드 재즈로 해석해낸 이 곡은 달에서 최초로 재생된 음악이었다. 이 곡의 도입부 가사인 'playing among the stars'라는 부분은 아폴로 11호의 미션에 딱 맞아떨어졌다. 그러나 세 번째와 네 번째 라인은 아마도 우주 비행사들을 멈칫하게 했을지도 모른다. 시나트라는 목성과 화성의 봄이 어떨지 확인해보고 싶은 마음이 컸을 듯하다.

  그러나 실제 목성의 봄은 지독히 기분이 나쁠 것이다. 목성은 거대한 가스 혹성이다. 노래를 흥얼거리던 우주 비행사들이 목성의 표면에 간다면 600℃가 넘는 고온을 견뎌내야만 한다. 또한 풍속은 수백 m/s에 달할 정도이며, 산성의 암모니아 대기로 인해 턱시도를 입는 것은 꿈도 못 꿀 것이다. 물론 여지가 있긴 하다. 시나트라는 목성에서의 봄을 보기를 원했기 때문에, 아마도 목성 어딘가의 표면이면 이 조건을 충족시킬 수 있을지도 모른다.

목성의 내부는 아직까지 제대로 연구되지 않았으나, 아마도 단단한 핵을 가지고 있을 것으로 추정된다. 이곳에 도달하려면 초임계 액화 수소층을 지나야 하는데, 여러분이 평소에 겪는 온도와 압력 조건을 훨씬 벗어난 곳이기 때문에 무엇이라 설명하기 어렵다. 게다가 목성의 봄을 제대로 만끽하려면 'Ol' Blue Eyes(시나트라의 애칭)'는 이곳에 3년 동안이나 머물러야 할 것이다. 목성의 튀어나온 궤도와 기울임이 적은 자전축으로 인해, 이곳의 각 계절은 약 3년 정도나 지속된다. 시나트라는 목성의 봄나들이에 대해 주의 경계를 충분히 받았을 것이다. 만약 그가 그곳에 머물 수만 있다면, 아마 다른 어디라도 갈 수 있을 것이다.

Galaxy Song 우주의 크기에 대해 다룬 이 노래는 몬티 파이튼의 인생의 의미(1983)에서 처음 등장했다. 간단하게 말해 이 곡은 매우 뛰어났다. 모든 학교의 아이들은 물리 수업이 끝날 때 반드시 이 곡을 불러야 한다고 주장할 수 있을 정도로 훌륭한 곡이었다. 그렇지만 이 곡에도 역시 몇 가지 오점이 있었다.

우리는 지구가 1,448km/h의 속도로 자전하고 있다고 배웠다. 사실 지구의 자전속도는 1,674km/이다. 또한 '은하의 중심으로부터 30,000광년 정도 떨어져 있다'는 표현이 있으나, 실제로는 25,000광년 정도에 가깝다. 가장 오차가 심한 것은 은하의 회전 속도이다.

이 곡에서는 우리 은하의 회전 속도가 64,000km/h라고 되어 있으나, 실제로는 80,500km/h이다. 물론 여기에 너무 집착할 필요는 없다. 이 곡은 1980년대 초에 쓰였기 때문에 당시의 척도는 오늘날에 비해 정확성이 떨어졌기 때문이다.

Save the Best for Last 바네사 윌리엄스의 명곡은 귀에 쏙 들어오긴 하지만, 천체물리학 연구의 관점에서 볼 때는 치명적인 오류가 있다. 가장 기억에 남는 후렴구는 'Sometimes the snow comes down in June; sometimes the Sun goes round the Moon'이라는 내용이다. 물론 틀렸다.

달은 지구와 마찬가지로 태양 주위를 공전한다. 이 반대가 되는 경우는 없다. 달의 중력도 태양에 영향을 미치기는 하지만, 어느 경우에도 태양이 달 주위를 돈다고 얘기할 수는 없다. 바네사에게는 미안한 일이다.

화성에는 수로 네트워크가 있다?

19세기 말은 지구에서 운하사업이 번창하던 시기였다. 수에즈 운하는 1869년에 완공되었다. 중부 아메리카에서는 프랑스가 파나마 운하 건축에 열을 올렸었다. 또한 발트해 및 북해의 경우 킬 운하 건설이 한창 이루어졌었다. 그런데 이러한 운하들은 화성의 수로에 비하면 새발의 피 정도의 규모일 뿐이다.

천문학자들은 화성에서 행성의 반 정도를 가로지르는 엄청난 규모의 수로들을 발견했다. 각 수로들은 너비가 약 80km나 되며 지구에서도 존재를 확인할 수 있을 정도였다. 이 수로들은 화성 표면의 어두운 지역에서 서로 연결이 되는 데, 이곳은 바다였던 것으로 추정된다. 확실히 화성은 고도의 산업 사회를 갖췄을 것으로 보인다.

화성의 운하는 1877년에 이탈리아의 천문학자 지오반니 스키오

파렐리^{Giovanni Schiaparelli, 1835~1910}가 처음 발견했다. 이 천문학자는 자신이 발견한 것에 대한 판단을 유보했으나, 그가 사용했던 'canali'라는 용어가 혼선을 일으켰다. 이 단어는 이탈리아어로 수로^{channel}를 의미하지만, 경우에 따라 '운하^{canal}', 즉 인공의 수로라고 해석될 수 있었다. 물론 이 신기한 구조물은 이성적이고 과학적인 판단 하에 검토되었다. 그래서 화성의 '운하'나 '바다'는 그저 우연한 무늬 정도로 고려되었다. 마치 달의 '고요의 바다'처럼 실제로는 바다가 아니었을 것이라는 접근이었다.

그러나 운하와의 비교는 불가피해졌다. 스키오파렐리는 훗날 'canali'들의 형태가 중복적으로 나타나는 것을 확인했는데 이는 지구의 그 어떤 자연 현상에도 반하는 일이었다. 다시금 이에 대한 이성적인 결론이 도출되었다. 이와 같은 현상은 아마도 화성의 대기의 안개의 굴절 현상 때문으로 미루어보았다. 일부에서는 보다 상상력을 더한 설명을 선호하기도 했다.

최근의 산업 역사에 기반을 둔 아이디어 중에는 이 흔적들이 운하와 그 옆을 지나던 기차 레일의 흔적이라는 것도 있었다. 이에 대한 열띤 토론이 1890년대부터 1900년대 초까지 계속되었다. 특히 미국인 퍼시벌 로웰Percival Lowell, 1855~1916은 이와 같은 주장에 앞장섰다.

로웰은 화성의 운하 시스템에 대한 정교한 지도를 만들었다. 그는 각 운하별로 이름을 붙이고, 심지어 배경 이야기도 보태었다. 화성의 운하 체계가 죽어가고 메마른 화성의 문명에 물길을 제공하기 위한 시도였다고 가정한 로웰의 이야기는 H.G. Wells 만큼이나 인기를 끌었다. 각종 언론과 미디어에서는 목마른 화성인 마냥 기사를 쏟아내었다.

그러나 시간이 지나면서 기술의 발전으로 보다 정교해진 망원경으로 살펴본 결과, 화성에는 운하의 흔적이 없으며, 화성의 대기에서도 물 분자는 보이지 않는 것으로 확인되었다. 화성의 운하는 저급 망원경과 상상력에 의한 착시현상에 불과했다.

이후 모든 논란들이 1965년 마리너 4호 우주 탐사정이 화성을 방문하면서 잠식되었다. 아직까지는 화성에 어떤 운하도 존재하지 않는다.

인류는 1960년대에 최초로 우주인과 소통하려고 시도했다?

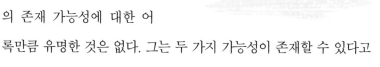

　소설가 아더 C. 클라크는 수많은 함축적인 어록을 남겼으나, 그중에서도 우주의 다른 지역에 생명의 존재 가능성에 대한 어록만큼 유명한 것은 없다. 그는 두 가지 가능성이 존재할 수 있다고 말했다.

　"우리는 우주에 홀로 존재할 수도 있고 그렇지 않을 수도 있다. 그러나 둘 다 모두 끔찍한 현실이다."

　끔찍하던 아니던 간에, 전 세계의 천문학자들과 매니아들은 오랫동안 외계 문명을 찾아왔다. 이를 쫓는 일은 매우 특이한 일이었다.

첫 번째로 우주의 다른 곳에서 지적 생명체를 발견하는 일은 우주에 대한 우리의 이해를 송두리째 바꾸는 일이다.

두 번째로 만약 우리가 발견한 지적생명체가 우리에게 적대적이라면, 인류의 운명에 어둠을 드리우게 될지도 모른다.

세 번째로 이와 같은 노력은 모두 헛수고 일지도 모른다.

지구가 우주에서 유일하게 생명이 존재하는 행성이라는 시나리오는 여전히 가능성이 있다. 혹은 최소한 다른 별로 메시지를 보낼 만큼 지능이 발달된 유일한 생명체일 가능성도 여전하다.

그러나 천문학자들은 이 중에 첫 번째의 가능성을 염두에 두고 우주의 신호에 대해 지속적으로 연구하고 있다. 보통은 전파 망원경에 잡히는 신호들을 분석하는 일에 주력하고 있다. 외계생명에 대한 탐사^{SETI}는 특히 1960년대에 활발하게 진행되었다. 당시에는 기술의 발전으로 인해 무엇인가 새로운 것을 발견하게 될 것이라는 기대감에 들뜨던 때였다.

최초의 SETI 관련 메시지는 미국의 천문학자 프랭크 드레이크가 1974년에 보냈던 것으로 보고 있다. 그는 푸에르토리코의 아레시보 전파망원경을 이용해서 신호를 보냈다. 그런데 사실 그보다 수십 년 이전부터 선견지명을 갖춘 지식인들이 다른 세계와 소통하고자 노력했었다.

가장 초기의 접촉 시도 대상 외계인은 화성이었다. 19세기에는 화성에 지적생명체가 존재할 것이라는 생각이 지배적이었다. 독일의 수학자 칼 프레데릭 가우스[1777~1855]는 최초에 접촉을 시도한 인물 중 하나였다. 그는 1820년대에 태양빛을 반사시켜 화성인과 소통하려고 했다.

일부에서는 강력한 램프를 비추는 것을 주장하기도 했다. 아마도 화성인이 실제했다면 그들의 망원경을 통해 사하라 사막의 픽토그램이나 혹은 등유를 태워서 생기는 거대한 연기 띠를 보았을지도 모른다. 농담 반으로 '거대한 국기'를 내걸어서 수기신호를 전달하자는 의견도 있었다.

대도시를 의사소통의 수단으로 활용하자는 의견도 있었다. 1892년, 영국의 성직자 휴 레지널드 하웨이스 경[Hugh Reginald Haweis, 1838~1901]은 런던 거리의 불빛을 껐다 켰다 반복해서 일종의 신호를 만들자고 제안했다. 그는 자신의 제안이 화성인들에게 보내는 신호로서의 역할뿐만 아니라 강도 범행을 낮추는 데도 도움을 줄 수 있을 것이라고 주장했다.

탁상공론자들이 말도 안 되는 계획들을 계속해서 쏟아내는 동안, 과학자들 또한 이 분야에 주목했다. 찰스 다윈의 사촌이자 위대한 사상가였던 프란시스 갈튼[Francis Galton, 1822~1911]은 1896년 〈이웃 항성 간에 이해할 수 있는 신호[Intelligible Signals Between Neighbouring Stars]〉라는 논문을 발표했다. 이 논문에서 그는 화성인과의 소통을 위해 수학이 사용될 수 있는 방법에 대해 논했다.

같은 해, 공학자이자 발명가였던 니콜라 테슬라[Nikola Tesla, 1856~1943]

는 그가 개발한 무선 라디오 시스템을 통해 행성 간 소통이 가능하다고 주장했다. 언제나 매우 실용적인 사람이었던 그는 테스트 결과 1901년에 화성으로부터 반복된 신호를 받았다고 주장했지만 잘못된 신호를 받았던 것으로 보인다. 그리고 그의 노력은 외계인의 신호를 받기 위한 초기의 시도로써 자리매김했다.

그 외에도 저명한 과학자였던 굴리엘모 마르코니[1874~1937]와 캘빈 경[1824~1907]은 행성 간의 전파 통신을 지지했던 인물들이었다.

외계 지적생명체를 찾기 위한 노력은 괴짜들과 덕후들을 끌어들였다. 이들 중에 활발했던 인물들 중 하나는 런던의 휴 맨스필드 로빈슨[Hugh Mansfield Robinson] 박사였다. 그는 아마 역사상 고의로 다른 항성으로 메시지를 보냈었던 최초의 인물일 것이다.

1918년, 로빈슨은 오마루루[Oomaruru]라는 180cm 장신에 큰 귀를 가진 화성인 여성과 정신적인 접촉을 가졌다고 주장했다. 그는 화성인 여성의 종족이 '극도로 종교적'이어서 무신론자들을 정신이상자로 취급할 정도라고 했다. 또한 그들은 기술적으로 수준이 매우 높아서 거대한 비행선과 원활한 전력 공급 체계를 갖추었다고 했다. 그는 자신과 교감한 화성인은 '무선 통신에 대해 지구인보다 몇 세대나 앞선' 종족이라고 보았다. 로빈슨은 자신의 경험을 좋은 의미로 활용하고자 글로 담은 메시지를 다른 행성으로 보내는 일을 행했다.

1926년, 화성은 지구에 평균보다 1,290만km나 가까이 접근하였으며, 이는 전파 신호를 보내기에 적절한 시기였다. 당시 로빈슨 박사는 런던의 세인트 폴 대성당 주변의 우체국을 찾아 화성인의 언어로 썼다고 주장하는 내용의 편지를 내밀었다. 그의 편지에는 'Opesti nipitia secomba'라고 적혀 있었다고 한다.

우체국은 한 번도 행성 간의 메시지 전달해본 경험이 없었으나, 로빈슨의 돈을 받는 것은 매우 기쁘게 받아들였다.

영국의 중앙 라디오 방송국은 '만약 사람들이 달이나 혹은 테론에게 메시지를 전하기를 원하고, 비용을 지불할 준비가 되어 있다면, 우체국에서 수입을 거절할 이유가 전혀 없다'라고 보도했다.

로빈슨의 메시지는 워릭셔의 럭비 라디오 방송국에서 전파를 통해 우주로 쏘아 올려졌다. 그는 메시지 발신 비용으로 단어당 18펜스의 비용을 지불해야 했으며, 이는 장거리 운송비용과 동일한 가격이었다. 물론 그가 지불한 비용은 낭비되었다. 하루 뒤에 우체국에서는 화성으로부터 회신이 오지 않았다고 전달해왔다.

로빈슨은 계속해서 화성과 교신하기 위해 의미 없는 시도를 계속했다. 피츠버그 포스트-가젯에서는 '계속해서 화성과의 교신에 실패했음에도 불구하고…… 로빈슨은 낙담하지 않았다. 또한 커다란 귀를 가진 화성인 여자 친구와 행성 사이를 정신적으로 헤매는 로빈슨을 조롱하는 부인의 태도도 바뀌지 않았다'고 한다. 아더 코난 도일은 이러한 노력들에 흥미는 없었지만, 언젠가는 화성과의 교신이 가능해질 것이라고 믿었다.

오늘날 우리는 화성인과의 교신이 절대 가능할 수 없다는 것에 대해 알고 있다. 물론 우리 스스로가 화성을 개척하여 화성인이 된다면 가능할지도 모르겠다.

마리너 4호 탐사정은 1964년 화성 표면의 사진을 전송해왔다. 그 이후 우리는 화성이 건조하고 사람이 살기에 적합하지 않은 행성임을 알게 되었다. 이곳에 그 어떤 지적 생명체가 존재했다는 것에 대한 증거도 찾을 수 없었다(물론 미생물체에 대한 판단은 아직 시기상조이다).

화성에서 생명을 찾을 수 없게 되자, 외계 지적 생명체를 찾기 위한 노력은 별들로 집중되었다. 전파 망원경과 다른 장비들은 우리 주변 은하에서 보내오는 신호를 잡는 데 활용되고 있다. 이런 장비들이 고도화되면서, 외계 신호를 수신할 수 있는 확률은 매우 높아졌다. 물론 외계 생명이 존재한다면 말이다.

아마도 모르는 것이 나을지도 모른다. 클라크가 제시한 두 가지 가능성에 비한다면 불확실함은 조금 덜 겁나는 상황이기 때문이다.

우주의 실수 모음

천문학자와 우주 비행사들은 기술적으로 고도의 특수성을 갖춘 전문가들이다. 그렇다고 해서 이들이 항상 옳다는 것은 아니다.

떨어진 국기

우주 비행사들이 달에 다시 방문했을 당시, 아폴로 11호 착륙지점에서 국기를 찾을 수가 없었다. 닐과 버즈는 성조기를 달 착륙선과 가까이에 꽂아 두었었다. 그러다 보니 비행사들이 우주 궤도로 다시 올라갈 때, 로켓의 추진력 때문에 깃대가 쓰러지고 만 것이었다. 인류 역사상 가장 중요했던 국기가 하루도 채 지나지 않아 떨어지고 만 것이다. 그렇다면 다른 5번의 아폴로호 미션에서 쓰인 국기는 어떻게 된 것일까?

달 궤도선에서 고화질로 촬영한 결과, 이들은 아직까지 남아 있는 것으로 보이지만, 안타깝게도 원래 상태로 보존되고 있지는 않은 듯 하다. 깃발을 꽂은 지 수십 년이 지나다 보니, 계속해서 태양빛을 받아 나일론 천들이 손상을 입은 것으로 보인다.

달에서의 헛딛음

달 표면을 걷는 일은 공원을 거니는 일과는 전혀 다르다. 지구에서의 1/6 중력밖에 되지 않는 환경에서 걷는 일은 적응을 필요로 한다. 특히나 사람 몸무게만큼이나 무거운 우주복을 입고 울퉁불퉁한 달 분화구 표면을 걷는 일은 생각보다 훨씬 어려운 일이다. 그러다 보니 우주 비행사들 중에서는 넘어지는 경우들도 여럿 있었다.

최초로 넘어진 사람은 아폴로 12호에 탑승했던 알란 빈이었다. 그는 나중에 자신의 실수를 그림으로 그렸다. 독자 여러분이 유튜브를 검색하다 보면 아마도 달을 걷다가 넘어진 우주 비행사들의 영상을 쉽게 찾을 수 있을 것이다.

찰리 듀크는 아폴로 16호 미션 도중에 웃지 못할 해프닝을 맞았다. 그는 달 표면에 깃대를 세우려고 망치질을 하다가 망치를 떨어뜨리게 되었다. 그래서 망치를 주우려고 노력해 보았으나 망치를 주울 수가 없었다. 그가 입고 있던 우주복은 무릎을 구부리거나, 허리를 굽힐 수 없게 되어 있었기 때문이다.

과도한 노출

아폴로 12호가 달로 여정을 떠났을 당시에는 컬러 카메라가 보급되어 훨씬 개선된 영상을 보내 올 수 있었다. 그러나 불행하게도 알란 빈이 카메라를 태양 쪽으로 향하게 하는 바람에 초기에 송신이 끊기고 말았다. 음모론 중에 하나는 알란이 자신이 넘어진 영상을 지우기 위해서 고의로 카메라를 훼손시켰다고 주장한다.

녹 아웃

또 다시 불쌍한 알란 빈의 이야기이다. 그는 달에서 넘어지고 망치를 떨어뜨린 것도 모자라 달 미션 역사상 가장 큰 부상을 입었다. 사건은 미션의 막바지 비행에서 발생했다.

우주 비행선이 태평양에 착륙하던 과정에서 그의 머리 위쪽 선반 안에 놓였던 카메라가 떨어지면서, 그의 머리 앞부분을 강타했던 것이다. 사건 당시 그는 몇 초간 의식을 잃었으며, 여섯 바늘이나 꿰맬 정도로 크게 다쳤다.

미스터리한 대변

우주에서 대변을 누는 일은 사소한 일이 아니다. 중력이 없는 곳에서 배설물은 위로 뜨는 경향이 있으며, 이 상황에서 대변 봉투에 이것을 집어넣는 일은 쉬운 일이 아니다. 우주 비행 중에 대변 사고가 발생하면 이를 알아채지 못하는 것이 더 어렵다. 아폴로 10호에 탑승했던 세 명의 우주 비행사들은 이와 같은 사건에 봉착했다. 여기서부터는 NASA의 공식 대화록 기록을 남기도록 하겠다.

탐 스태포드: 누가 범인이냐?

존 영:　　　무슨 말이야?

진 써난:　　뭐를?

탐:　　　　누구야? (웃음)

존:　　　　이게 대체 어디서 나온 거야?

탐:　　　　냅킨 빨리 줘봐. 실내에 똥이 떠다니고 있어.

존:　　　　난 아니야.

진:　　　　나도 아닌 것 같은데.

탐:　　　　내 것은 저것보다 더 끈적이는 편이야. 일단 버리자.

존:　　　　으아 최악이다 진짜(웃음).

오늘날까지 아폴로 10호에서 무슨 일이 벌어졌는지에 대해서는 알지 못하고 있다.

문법 오류

여섯 번의 아폴로 미션은 기념패를 들고 달에 착륙했다. 이 중 첫 번째였던 아폴로 11호 미션에는 '지구인 최초로 달에 발을 내딛음. 1969년 7월. 우리는 모든 인류의 평화를 위해 이곳에 왔다(Here men from the planet Earth first set foot upon the Moon, July 1969, AD. We came in peace for all mankind)'고 쓰여 있었다.

여러분은 이 문장에서 잘못된 점을 찾을 수 있겠는가? 이 문장에는 사실 틀린 곳이 두어 군데 있다. 우선 'mankind'라는 표현은 여성 입장에서 그다지 달가운 표현은 아니다. 그리고 날짜의 순서도 잘못되어 있다. 문법을 중요시하는 사람이라면 'AD'가 년도 앞에 나와야 한다는 사실을 알고 있을 것이다. 'AD'는 'Anno Domini', 즉 그리스도 기원을 의미한다. 만약 여러분이 'July 1969 in the year of our Lord'라고 쓴다면 표현 자체가 틀려지는 셈이다. 나아가 누군가는 'our Lord'라는 표현이 모든 인류를 대표하는 메시지에 쓰이기 적합하지 않다고 주장할지도 모른다. 무신론자들의 입장도 고려해야하는 것이 아닌가?

단위 오류

아마도 우주 탐사 역사상 가장 창피한 실수가 아닐까 싶다.

1999년 9월 23일 NASA의 화성기후 궤도선은 화성 궤도에 안착하기 위한 준비를 하고 있었다. 이 궤도선의 목적은 화성 표면의 기후를 관측하기 위한 것이었다.

그러나 이 미션은 시작도 하지 못했다. $1억 2천 5백만에 달하는 금액을 투자한 위성은 마지막 작전 수행 중에 사라졌다. 이 위성은 어디로 가버린 것일까? 나중에 조사를 통해 밝혀진 사실은 이 탐사선이 초등학생도 범하지 않을 실수로 인해 화성 표면으로 떨어져 버렸다는 것이었다. 당시 사용되었던 소프트웨어 중 하나는 궤도선의 추진력을 파운드법으로 계산하고 있었고, 다른 하나는 미터법을 사용해 뉴튼 단위로 계산하고 있었던 것이다. 두 소프트웨어의 단위상 오차로 인해 추진기에 고장이 생기면서 결국 이 궤도선은 화성 표면으로 추락하고 말았다. 뒤를 이어 두 달 후, 화성극지 착륙선이 센서 오작동으로 인해 추락했다. 1999년은 행성 과학자들에게 있어 좋지 않은 해였던 것 같다.

쓰레기 투척꾼

NASA의 Skylab 우주정거장은 6년간의 궤도 임무 수행 후 1979년 지구에 추락했다. 대부분의 잔재는 인도양에 떨어졌으나, 호주 서부에도 약간의 피해를 입었다. 다행히 다친 사람은 없었다. 기물 파손도 없었다. 그럼에도 불구하고 지역당국은 NASA에 쓰레기 투척으로 호주$ 400을 부과했다. 이 벌금은 유머 차원에서 부과되었으며, 곧이어 탕감되었다.

30년 후, 미국의 라디오 쇼에서 이 이야기가 언급되었으며, 이 가짜 빚을 지불하기 위해서 모금 활동이 벌어지기도 했다.

혹시 여러분은
잘못 발음하고 있지는 않는가?

천문학자들은 간단한 용어들을 좋아한다. 빅뱅, 블랙홀, 암흑에너지, 암흑 물질, 적색왜성, 백색왜성 등은 다른 분야의 복잡한 전문용어에 비해 훨씬 단순하다. 그렇지만 그렇다고 해서 천문학 분야의 모든 용어가 발음이 쉬운 것은 아니다.

원일점 Aphelion 행성 또는 다른 천체들이 태양에서 가장 멀리 떨어지게 되는 지점을 의미한다. 그러나 이것을 발음할 때 'Ap-helion'이 맞는가, 혹은 'A-phelion'이 맞을까? 사실 앞의 것이 맞다. 이 단어는 그리스어인 'apo'(무엇인가로부터 떨어지다)와 'helios'(태양)에서부터 유래되었다. 그렇기 때문에 자연스럽게 읽으면 'ap-helion'이 맞다. 반의어인 근일점 perihlion 도 같은 이치가 적용된다.

북극광 Aurora Borealis 태양에서부터 지구로 대전된 입자들이 전달되면, 이 입자들은 대기 중의 분자들과 충돌하면서 레이저쇼를 연상케

241

하는 광경이 벌어진다. 이 효과는 북극에 가까울수록 크게 나타난다. 왜냐하면 북극은 지구의 자기장을 기점으로 대전된 입자들이 몰려 있기 때문이다. 오로라라는 단어는 그 자체로도 의미 전달이 충분하지만, 'Borealis'는 그리스 및 라틴어로 북쪽을 의미한다. 이 단어는 'borry-arliss'라고 읽어야 한다.

카론^{Charon} 명왕성의 주 위성으로 매우 특이하게 이름을 부여 받았다. 카론을 발견했던 인물은 미국인 천문학자 짐 크리스티(Jim Christy)였으며 그의 부인의 이름을 따서 샬린^{Charlene}이라는 이름을 이 위성에 붙이고자 했다. 그는 부인의 이름에서 'Char'를 따고, '-on' 이라는 어미를 붙여 과학적인 용어처럼 보이게 바꾸었다. 이 이야기 만 듣고 보면 마치 샤도네이^{Chardonnay}처럼 부드러운 느낌의 이름을 연상케 한다. 그러나 이는 이야기의 반에 불과했다.

크리스티는 천문학 위원회에서 다른 행성과 위성들과의 부합성을 고려할 때 신화적인 이름을 선호한다는 이야기를 듣게 되었다.

당시 가장 유력했던 이름은 페르세포네였다. 페르세포네는 그리스 신화에서 하데스^{Pluto}의 부인이었다. 그러자 짐 크리스티는 그가 제안한 이름이 기각될 것을 두려워하여 'Charon'이라는 이름이 무언가와 연관되기를 간절히 바라는 마음으로 백과사전을 뒤적였다고 한다. 충격적인 우연의 일치로 카론은 하데스의 지하세계에서 스틱스 강을 건너던 죽은 자들을 인도하던 사공의 이름이었다. 그리하여 모든 이가 행복한 결론을 얻을 수 있었다.

만약 우리가 이름의 신화적인 유래를 강조한다면, 'Ch'를 강조하여

'KHA-ron'이라고 읽어야 한다. 그러나 이 위성의 경우, 여러분이 로 맨티스트이냐 혹은 고전주의자이냐에 따라서 발음은 다르게 읽을 수 있을 것으로 본다.

엔셀라두스 ^{Enceladus} 우리는 토성의 이 작은 위성에 대해 앞으로 더 자주 듣게 될 것으로 보인다. 엔셀라두스의 지하에는 액체로 된 바다가 존재하는 것으로 보이기 때문에, 현재로써는 최초의 외계생명을 발견할 것으로 기대되는 지역이다. 이에 따라 과학 역사상 가장 중요한 발견이 이곳에서 이루어지게 될지도 모른다. 그렇기 때문에 나의 입장에서는 마치 샐러드 잎을 연상시키는 '엔셀라두스'라는 이름은 조금 아쉽기도 하다. 여러분이 엔셀라두스를 발음할 때에는 두 번째 음절에 강세를 두고 'En-Sell-a-dus'라고 읽는 것이 맞다.

호이겐스 ^{Huygens} 2005년 1월 14일, 호이겐스 탐사정은 타이탄의 표면에 착륙했다. 호이겐스는 최초로 지구가 아닌 다른 행성의 위성에 착륙한 첫 번째 탐사정이었으며, 여전히 지구에서 가장 먼 지역에 착륙한 기록을 가지고 있다. 이 탐사정은 네덜란드의 천문학자 크리스티안 호이겐스 ^{Christian Huygens, 1629~1695}의 이름을 따서 지어졌다. 호이겐스는 타이탄을 발견한 인물이자 진자시계를 개발한 인물이었다. 그의 이름은 완전히 영어식으로 변환되지는 않았지만, 발음하자면 'HOY-juns'에 가깝다.

이오^{Io}   이오는 목성의 위성으로 화산이 많은 것으로 유명하다. 또한 이름이 매우 짧기 때문에 발음을 잘못하는 것도 쉽지 않을 것으로 느껴질지도 모른다. 그러나 의외로 그렇지 않다. 저자는 때때로 대문자 'I'를 소문자 'l'로 착각하는 경우를 자주 보았다. 또한 사람에 따라, 'ee-oh' 혹은 'eye-oh'를 헷갈려하는 경우도 많았다. 'Eye-oh'가 보다 자연스러운 발음으로 보이지만, 위험한 부작용이 있다. 나는 이 단어를 들으면 백설 공주와 일곱 난쟁이 노래가 계속해서 머릿속에서 반복되는 경향이 있다.

카이퍼 벨트^{Kuiper Belt}   해왕성 너머 태양계 형성의 얼음 잔재들이 남아 있는 지역이다. 명왕성도 이 지역에 위치하고 있으며, 그 외에도 수십 만 개의 작은 천체들이 존재한다. 이 벨트는 네덜란드계 미국인 제러드 카이퍼^{Gerard Kuiper, 1905~1973}의 이름을 따서 지어졌다. 그는 카이퍼 벨트를 처음 발견한 인물은 아니었다. 사실 그는 오래 전에 사라진 태양계의 초기 모습으로 생각했었다. 그럼에도 불구하고 카이퍼 벨트는 그의 이름을 따서 지어졌기 때문에, 어떤 식으로 발음할지에 대해서 알 필요가 있다. 카이퍼는 대게 'Viper' 혹은 'Sniper'와 라임을 지어서 발음이 된다. 그러나 네덜란드어로는 사실 정확한 발음은 아니지만, 카이퍼가 결국 미국인이 되었기 때문에, 미국식 발음도 무방하지 않을까 싶다.

라그랑주 포인트^{Lagrange points}   간단하게 말하자면 이곳은 우주의 주차장이라고도 할 수 있다. 라그랑쥬 포인트는 두 개의 천체(예를 들면, 지구와 태양)가 서로 공전하고 있을 때 그 주변의 중력이 0이 되어 안정된 위치가 되는 지점을 의미한다. 이 용어는 천문학자 조셉-루이스 라그랑주[1736~1813]의 이름에서 따왔다. 그는 프랑스인이었기 때문에 발음하면 'La-grondj'에 가깝게 발음하면 된다.

마케마케Makemake 왜소 행성 중에서는 큰 행성 중에 하나로 명왕성 너머에 존재한다. 이 천체는 2005년 부활절 시즌에 발견되었으며, 이스터 섬의 라파누이 주민들의 신의 이름을 따서 지어졌다. 이 왜소 행성을 발견한 마이클 E. 브라운은 원주민들의 발음에 유의해서 'MAH-kay MAH-kay'라고 부를 것을 권유했다.

클라이드 톰보 Clyde Tombaugh 1930년에 명왕성을 발견했던 인물로 (P 88 참조) 발음하기 다소 어려운 이름이다. 마치 레인보우와 라임을 지어야 할 것만 같은 이름이지만, 그의 자서전 내용에 따르면 'TAHM-bah'라고 발음해주기를 바란다고 한다.

천왕성Uranus 태양계의 7번째 행성은 저급한 유머에 자주 활용되는 행성이다. 발음할 때 첫 번째 음절에 강세를 두고 'YOUR-ranus'라고 발음하거나, 혹은 두 번째 음절에 강세를 두어 'your-Ay-nus'라고 발음할 수 있으며, 두 가지 방법 모두 가능하다. 그러나 여러분이 고의로 10대 청소년들을 웃길 목적이 아니라면, 두 번째 방법은 가급적이면 자제하는 편이 낫지 않을까 싶다.

다른 신화와 오해들

점성술/천문학 절대로 헷갈려서는 안 되는 두 단어이지만, 사람들은 때때로 헷갈리고는 한다. 점성술자들은 별들과 행성 그리고 다른 천체들의 위치가 인간의 일에 영향을 미친다고 믿는다. 반대로 천문학자들은 천체를 이해하는 것을 목적으로 한다. 점성술은 초자연적이며, 천문학은 이성적이다. 나는 점성술이 정확할 수 있는 것은 오직 한 가지 상황뿐이라고 생각한다. 만약 거대한 천체가 지구를 향해 이동하고 있다면, 이것은 어떠한 측면에서 보아도 불길한 일이 될 것이다.

빅뱅 우주의 시작은 모든 사건들을 통틀어 가장 중요한 일이었다. 그러나 사실 극히 작은 공간에서의 폭발이었음을 생각해보면, 규모면에서 거대함과는 거리가 멀었을 것이다. 또한 '뱅bang'하고 거대한 소리가 났을 일도 없다. 원자와 분자 그리고 귀가 존재하지 않는 밀집된 공간에서 소리란 의미 없는 개념이었을 것이다.

'빅뱅'이라는 용어는 처음에 조롱을 목적으로 붙인 것이었다. 영국의 천문학자 프레드 호일Fred Hoyle, 1915~2001은 그가 싫어하는 이론을 폄하할 목적으로 이와 같은 이름을 붙였다고 한다. 호일은 기원이 없고 언제나 같은 상태로 존재하던 '안정된 상태'의 우주라는 개념을 선호했다. 이것은 '먼 과거의 어느 특정한 순간에 발생한 빅뱅으로 인해 우주의 모든 물질이 생겨났다'는 이론에 정반대되는 개념이었다.

블랙홀 까만색도 혹은 구멍도 아니다. 사실 구멍과는 정반대된다고 볼 수도 있다. 이 수수께끼의 천체는 집약적인 물질의 집합체이다. 이것은 특이점이라고 불리며 매우 밀도가 높아서 그 어떤 것도 이것의 중력의 당기는 힘을 벗어날 수 없다. 물론 여기에는 빛도 포함이 된다. 그렇기 때문에 이 괴물같은 천체에는 '블랙'이라는 이름이 붙여졌다.

버즈 알드린 두 번째로 달을 거닐었던 인물로 기억된다. 어째서 인지 '버즈'는 우주 비행사이자 전투 비행사였던 인물에게 적합한 별칭처럼 들린다. 사실 그는 요람에 있을 때부터 별칭이 있었다고 한다, 그의 누나는 말을 배우는 중에 그를 'buzzer'라고 불렀는데, 사실 'brother'를 잘못 발음한 것이었다고 한다. 그러나 이 별칭이 줄여져 결국엔 버즈가 되었다고 한다. 그렇다면 그의 원래 이름은 무엇일까? 이는 가끔 퀴즈 쇼에서 티저로 활용되기도 하는 질문이다. 만약 여러분이 '에드윈 알드린'을 생각하고 있었다면, 그것은 정답이 아니다. 이 이름은 그가 태어났을 때 부여 받은 이름이었으며, 달에 갈 때도 사용했던 이름이었다. 그러나 1988년에 알드린은 그의 공식적인 이름을 버즈라고 바꾸었다. 그리고 특이하게도 버즈 알드린의 외할머니의 성은 'Moon'이었다.

케이프 커내버럴 우주 왕복선과 새턴 V 그리고 다른 우주 탐사로켓 등을 발사한 장소로 유명한 플로리다의 로켓 기지로 알려져 있다. 그러나 사실은 그렇지 않다. 인류를 달로 보냈던 미션과 다른 135개의 우주 왕복선 미션은 모두 케네디 우주 센터의 고향인 메리트 섬에서 시행되었다. 케이프 커내버럴은 공군기지로 위성과 우주 탐사선을 발사하는 장소로 사용되었다. 또한 이곳은 초기에 사람을 태운 미국 우주 프로그램의 기지로 활용되기도 했다. 존 글렌과 머큐리의 다섯 명의 우주 비행사들이 탑승한 로켓은 공군 로켓을 개조하여 만들었으며, 케이프 커내버럴 기지에서 발사되었다. 제미니 미션 역시 케이프 커내버럴에서 발사되었다. 이 당시에는 대통령 존 F. 케네디의 죽음을 추모하는 차원에서 일시적으로 기지명을 케이프 케네디[1963~1973]으로 바꾸었었다. 우리가 엄밀하게 따져본다면, 오직 6명의 우주 비행사만이 케이프 커내버럴에서 우주로 보내졌다.

화성의 얼굴 1971년 바이킹 1호 화성 탐사선은 화성 표면에 거대한 얼굴 형태의 사진을 전송해왔다. 이것은 외계 문명에 대한 증거였을까? 물론 아니다. 후속 미션에서 보다 정밀한 사진을 찍어 보니 단순한 착시 현상에 불과했음이 밝혀졌다. 이 얼굴은 단순히 언덕이었을 뿐이었으며, 공교롭게도 특정 각도에서 저해상도로 보면 얼굴처럼 보일 뿐이었다.

최근에 보낸 화상 탐사선은 수백만 개의 화성 표면 사진을 전송해
왔다. 말하지 않아도 알겠지만, 창의적인 생각을 가진 사람들은 이 사
진 뒤에 숨겨진 다양한 인공물들을 보았다고 주장해왔다. 심지어 예
티를 봤다고 하는 사람도 있었다. 이는 모두 환각에 불과했다. 아마도
인간의 두뇌가 특정 모양이나 패턴을 보고 실제가 아니더라도 무엇을
연상시키는 경향이 있기 때문에 발생하는 현상일 것이다.

헬리 혜성   이 혜성은 혜성 중에 아마도 가장 유명할 것이다. 이
혜성은 지구에서 매 75~76년에 한 번꼴로 관측이 가능하며, 가장
최근에 발견된 것은 1986년이었다. 다음 번 지구에 돌아올 시점은
2061년으로 예상되며, 이때가 되면 아마 사람을 보내 탐사하는 것도
가능해질 것으로 보인다. 이 혜성의 이름은 처음 발견했던 영국의 두
번째 왕실 천문학자였던 에드먼드 헬리[1656~1742]의 이름을 따서 지어
졌다.

사실, 헬리 혜성은 너무도 밝아서 고대에서부터 알려져 왔었다. 예
를 들어, 11세기에 그려진 바이외 태피스트리에서도 발견할 수 있다.
그러나 최초로 여러 곳의 역사에서 등장했던 이 혜성의 존재가 같은
천체라는 것을 밝혀낸 것은 헬리이며, 그는 다음번에 헬리 혜성이 다
시 지구로 돌아올 시기를 정확하게 예측했다. 물론 혜성이 다시 지구
로 돌아올 때까지 살아 있지는 못했지만 말이다. 그 후 이 혜성에는
헬리의 업적을 기려 그의 이름을 붙여주었다.

화성은 붉은 행성이다 독자 여러분이 밤에 화성을 보면 확실히 붉은 행성처럼 보인다. 사실 화성은 고대부터 붉은 행성이라고 불리어 왔으며, 오랜 시간 동안 피와 전쟁과 연관지어져 왔다. 화성의 홍조는 행성 표면 암석에 포함된 산화철 때문이다. 그러나 화성은 가까이서 보면 붉은색으로 보이지 않는다. NASA에 따르면, 화성 표면에 서서 보면 주변이 금색을 띤 갈색으로 보인다고 한다. 또한 완전히 붉은색을 띠는 곳은 매우 드물다고 한다. 아 그리고 화성 표면에서 점프샷을 찍는 것은 다시 고려해보기 바란다. 화성탐사 로봇에 탑재된 카메라는 과학탐사 목적으로 제작되었기 때문에, 사람의 눈에 보이는 것과는 상당히 다른 필터들을 사용하고 있다.

NASA 미항공우주국. 전 세계적으로 NASA라고 더 잘 알려져 있다. 미국의 우주 프로그램과 동일시 여겨지고 있다. 사실, NASA가 정부에서 받는 펀딩 중 우주 프로그램과 관련된 예산은 45%에 불과하다. 나머지 55%는 군수, 보안 그리고 국립해양대기국 운영과 관련된 예산이다.

우주 왕복선 우주 왕복선은 흔히 1981~2011년에 사용되었던 날개 달린 우주 비행선에 사용되었던 용어이다. 엄밀히 따지면, 우주 왕복선은 날개 달린 우주 비행선 본체와 고체 로켓 부스터 그리고 외부 탱크까지 포함하는 용어이다. 이 부스터와 탱크가 없이는 우주 왕복선은 아무 데도 갈 수가 없다. 날개 달린 우주 비행선 본체는 보통 궤도선 혹은 OV라고 불린다.

잘못된 사실에 대한
새로운 흐름을 시작해보자

우리는 이제껏 우주와 관련된 모든 일반적인 미신과 오해에 대해 살펴보았다. 이제 잘못된 사실들을 새로운 '잘못된 사실'들로 바꾸어 보도록 하자. 그러기 위해서는 독자 여러분들의 도움이 필요하다. 이제부터 나열될 '잘못된 사실'들을 널리 퍼뜨려주기 바란다.

북극성^{Pole Star}이 북극 위에 있다는 사실은 잘못된 것이다. 사실 이 이름은 폴란드의 천문학자 니콜라스 코페르니쿠스^{1473~1543}의 업적을 기려 '폴란드인의 별^{The Pole's Star}'이라고 붙여진 것이다.

달은 치즈로 구성되어 있지는 않지만 달 표면에서 가장 흔한 광물은 'Stiltonite'라고 부른다.

버즈 알드린은 달에서 최초로 모래성을 지은 인물이다. 달 표면의 모래들은 그의 소변 봉투의 액체로 굳혔다고 한다.

NASA는 달 탐사 우주 비행사들에게 스카이콩콩을 지급하는 것을 고려했었다. 1/6 중력에서는 이 장비를 이용하면 상당히 높이 점프가 가능하며, 월면차에 비해 훨씬 경제적이고 가벼울 것이라고 보았다. 그러나 이 아이디어는 자신들의 존엄성이 손상될 것이라며 우주 비행사들이 불평을 늘어놓는 바람에 철회되었다.

천왕성은 태양계에서 가장 선정적인 행성이 아니다. 화성과 목성 사이에는 '내-직장^{Myrectum}'이라고 불리는 소행성이 존재한다.

Dedicated to the memory of my space heroes:

Arthur C. Clark, Carl Sagan and

Gene Roddenberry.